高职高专机电类专业系列教材

51单片机项目化教程

主　编　汤荣生　陈　震

副主编　刘振兴　李　平

参　编　唐红锁　王书杰　费贵荣

机械工业出版社

本书基于 STC89C51RC 单片机设计了 8 个项目，分别是：单片机实验开发平台的设计与制作、跑马灯的设计、抢答器的设计、电子时钟的设计、串行口通信、信息广告牌的设计、音乐盒的设计、数字温度计的设计等。每个项目由 2~4 个任务组成。这些任务按照由浅入深的次序编排，力求引导学生在边做边学中掌握单片机的原理和应用技术。

本书通俗易懂、实用性强。大多数项目既可以使用 Proteus 仿真、也可以下载到实验板中实际运行，不强调使用何种实验平台。

本书可作为高职高专院校自动化类、计算机类、电子信息类专业及相关专业的单片机教材，也可供科研人员、工程技术人员和单片机爱好者参考阅读。

本书配套有电子课件、模拟试卷及解答等，凡选用本书作为授课教材的学校均可来电索取。咨询电话：010-88379375；电子邮箱：cmpgaozhi @sina.com。

图书在版编目（CIP）数据

51 单片机项目化教程/汤荣生，陈震主编 . —北京：机械工业出版社，2018.8（2025.2 重印）

高职高专机电类专业系列教材

ISBN 978-7-111-60563-8

Ⅰ.①5… Ⅱ.①汤… ②陈… Ⅲ.①单片微型计算机-高等职业教育-教材 Ⅳ.①TP368.1

中国版本图书馆 CIP 数据核字（2018）第 168322 号

机械工业出版社（北京市百万庄大街 22 号　邮政编码 100037）
策划编辑：王宗锋　责任编辑：王宗锋
责任校对：张　薇　封面设计：陈　沛
责任印制：常天培
固安县铭成印刷有限公司印刷
2025 年 2 月第 1 版第 7 次印刷
184mm×260mm · 14 印张 · 346 千字
标准书号：ISBN 978-7-111-60563-8
定价：45.00 元

电话服务　　　　　　　网络服务
客服电话：010-88361066　机 工 官 网：www.cmpbook.com
　　　　　010-88379833　机 工 官 博：weibo.com/cmp1952
　　　　　010-68326294　金 书 网：www.golden-book.com
封底无防伪标均为盗版　机工教育服务网：www.cmpedu.com

前　言

伴随着信息技术的高速发展及物联网时代的到来，单片机越来越成为我们日常生活中不可缺少的组成部分。单片机已经成为将来也会继续成为自动化类专业的核心课程。同时单片机本身也在加速发展，到目前为止，已经出现的单片机从总线上进行划分，可以分成8位、16位、32位、64位单片机。教什么？怎么教？已经成为老师必须考虑的一个问题。一方面作为8位单片机一面旗帜的51单片机以其较低的价格、较低的技术门槛、较低的硬件投入和丰富的软件资源在今天的电子产品中依然得到广泛的应用；另一方面，51单片机也在快速发展，其指令执行周期从12个时钟周期降低到1个时钟周期，外部晶振从早期的4MHz上升到今天的48MHz。其外围设备也在加速扩容。这些变化意味着51单片机家族在未来不会走向式微而是会得到更加广泛的应用。本书以工作过程为导向、以工作任务分析为前提，以职业能力培养为目标，用项目化教学方法逐步引导读者认识单片机、熟悉单片机到应用单片机。

本书的特色是"虚实结合，由虚入实"。本书将大多数知识点分布在有限的几个项目中，学生通过虚拟化软件用绘图的方法领会电路的基本结构，在编程中理解单片机的控制原理。在学生基本掌握其原理后，再移植到实际的电路上调试。通过这种"由虚入实"的方法，学生对电路、控制原理及编程具有了比较直观的概念，摆脱了只使用虚拟化软件造成学生对实际电路缺少概念或只使用实验板而对电路模型缺乏认识的困境。

本书由泰州职业技术学院汤荣生、陈震、刘振兴、李平、唐红锁、王书杰、费贵荣等共同编写，其中汤荣生、陈震任主编，刘振兴、李平任副主编。汤荣生编写项目一、项目二、项目三、附录，陈震编写项目四、项目五、项目六，李平编写项目七，刘振兴编写项目八，唐红锁、费贵荣和王书杰负责书中部分电路图的绘制和练习的编写。全书由汤荣生统稿。

本书中部分元器件图形符号采用的是Proteus软件的图形符号，与国家标准不符，特此提醒读者注意。

在编写本书过程中得到了机械工业出版社的大力配合，在此表示感谢。同时在编写过程中参考了大量的文献资料，在此向这些编者一并表示感谢。

由于编者水平有限，书中难免存在错漏和不妥之处，敬请读者批评指正。

编者

目　录

项目一
单片机实验开发平台的设计与制作

项目描述：

通过单片机应用系统介绍，了解单片机在现代电子产品中的核心地位，培养学习兴趣。随后介绍单片机的内部结构、引脚功能、与外围电路的连接方式、存储器的配置等相关知识。在此基础上让学生动手制作单片机开发板，通过对各模块电路的分析，熟悉各模块电路的作用与基本连接方法；通过学生自己识别、检测元器件，电路焊接与测试，制作属于自己的单片机开发板，分享到成功完成一个作品的喜悦，建立学习单片机的兴趣与信心。

知识目标：

1）了解单片机的基本组成、分类、发展。
2）掌握单片机的引脚功能，外围器件的连接，存储器的配置。
3）掌握单片机最小系统的工作原理。

能力目标：

1）能正确识别电子元器件并了解其性能。
2）能正确理解单片机开发板的原理图及 PCB 图。
3）能正确完成单片机开发板的焊接与调试。

教学重点：

1）单片机的功能、特点。
2）单片机最小系统的原理。

教学难点：

1）单片机最小系统的原理。
2）单片机开发板的焊接与调试。

任务一　认识最简单的单片机应用系统

【任务导入】

单片机在我们身边已经无处不在，空调、冰箱、彩电、洗衣机等内部都包含了一片甚至是几片单片机。对于电子信息类、自动化类专业学生来说，不了解单片机的基础知识，可以说是信息时代的"文盲"。

【任务分析】

通过演示让学生体会单片机在电子系统中的控制作用，了解单片机在自动化、智能化电子产品中的核心地位，了解单片机在现代电子产品中的应用。

【知识链接】

一、初识单片机

1. 微型计算机

微机是微型计算机的简称，它是由主机和外部设备等组成的，如图 1-1 所示。

2. 单片机

单片机就是把微机的主机部分集成到一块集成电路芯片上所得到的，如图 1-2 所示。

单片机全称单片微型计算机（Sing Chip Microcomputer），又称 MCU（Micro Controller Unit），就是将 CPU、系统时钟、RAM、ROM、定时器/计数器和多种 I/O 接口电路集成在一块芯片上的微型计算机。典型的单片机结构框图如图 1-3 所示。

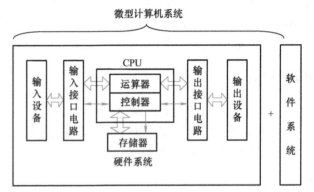

图 1-1　微型计算机系统

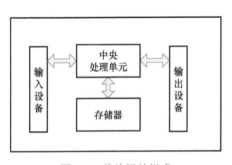

图 1-2　单片机的组成

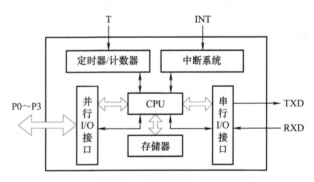

图 1-3　单片机结构框图

目前市场上的单片机按照总线宽度可以分为 8 位、16 位、32 位和 64 位单片机。在理论上总线宽度越大，处理速度就越快，当然其价格也会越贵。在实际生产中，由于成本的约束，电子工程师需要根据实际情况选择"够用"的单片机。所谓"够用"，是指能够满足需求及未来的升级要求同时成本又尽可能低廉。这也是市场上多种性能各异的单片机同时存在的原因。

其中，MCS-51 系列（简称 51 系列）单片机是最早由美国 Intel 公司推出的 8 位单片机，随后 Intel 公司把相关技术卖给了 Philips、Atmel 等多家公司。这些公司在 Intel 技术的基础上发展出各具特色的与原 MCS-51 单片机指令兼容的新型单片机，这些单片机在世界各地迅速普及发展，成为 8 位单片机的主流系列，原 Intel 的 MCS-51 系列反而影响式微了。

目前市场占有率较高的 51 指令系统兼容单片机有如下几种：

1）Atmel89S×× 系列单片机。

2）STC 单片机。

3）Silicon Labs C8051F 系列单片机。

4）WINBOND W77、W78 系列单片机。

以上这些单片机与 MCS-51 单片机相比，增加了多种外围器件，功能更加强大。如内部 Flash 存储器、A-D、D-A、定时器、PWM 发生器等。

二、单片机的特点与应用

1. 单片机的特点

1）体积小，重量轻。

2）电源单一，功耗低。

3）功能强，价格低。

4）运行速度快，抗干扰能力强，可靠性高。

2. 单片机的应用

单片机的应用范围十分广泛，主要的应用领域有：工业控制、仪器仪表、计算机外部设备与智能接口、商用产品、家用电器、消费类电子产品、通信设备和网络设备、儿童智能玩具、汽车、建筑机械、飞机等大型机械设备、交通控制设备等。

三、常用单片机类型

1. MCS-51 系列单片机

8031、8051 和 8751 等型号单片机初步形成 MCS-51 系列，被奉为"工业控制单片机标准"。

MCS-51 增强型单片机：除了 89C51 之外，主要包括 89C52、89C54、89C58、89C516 等型号，它们的区别主要是三个方面：一是内部 RAM 由 128B 增加到 256B；二是多一个定时器/计数器；三是内部 Flash ROM 由 4KB 分别增加到了 8KB、16KB、32KB 和 64KB。

2. ATMEL89 系列单片机

AT89 系列单片机型号由三个部分组成，格式如下：

$$AT89C（LV、S）XXXX-XXXX$$

前缀由字母"AT"组成，它表示该器件是 ATMEL 公司的产品。

型号由"89CXXXX"或"89LVXXXX"或"89SXXXX"等表示。

"9"表示芯片内部含 Flash 存储器；"C"表示是 CMOS 产品；"LV"表示是低电压产品；"S"表示含可下载的 Flash 存储器。

"XXXX"为表示型号的数字，如：51、52、2051、8252 等。

后缀由 "XXXX" 四个参数组成，与产品型号间用 " – " 号隔开。

后缀中第一个参数 "X" 表示速度；后缀中第二个参数 "X" 表示封装；后缀中第三个参数 "X" 表示温度范围；后缀中第四个参数 "X" 说明产品的处理情况。

3. STC89/12 系列单片机

STC 89C51RC/RD + 系列单片机是宏晶科技有限公司推出的新一代超强抗干扰、高速、低功耗的单片机。

指令代码完全兼容传统 8051 单片机，12 时钟/机器周期和 6 时钟/机器周期可任意选择。

【例 1-1】 分析型号 STC 89C51RC 40C – PDIP 0707CU8238.00D 的含义。

STC：公司名称。

8：表示 8051 内核芯片。

9：表示芯片内部有 Flash 存储器。

C：表示是 CMOS 产品。

1：表示内部程序存储器空间大小，$1 \times 4KB$。

RC：内部 RAM 为 512B；RD + ：内部 RAM 为 1028B。

40：表示外部晶振最高为 40MHz，AT 一般为 24MHz。

C：表示产品级别，C 为商业级别，温度范围 0 ~ 70℃；另外还有 I 工业；A 汽车；M 军用。

PDIP：封装形式，双列直插。

0707：07 年第 7 周。

CU8238.00D：芯片制造工艺。

四、单片机系统的开发工具及环境

1. 单片机 C 语言开发工具 Keil C51

Keil C51 是 Keil Software 公司出品的 51 系列兼容单片机 C 语言软件开发系统。其启动界面如图 1-4 所示。

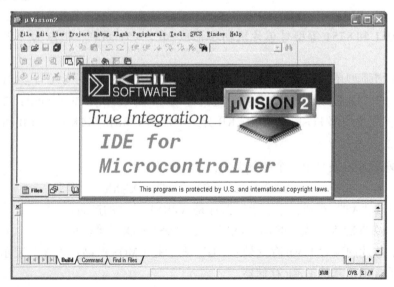

图 1-4　Keil C51 启动界面

Keil C51 提供丰富的库函数和功能强大的集成开发调试工具 μVision2，全 Windows 界面，生成的目标代码效率非常高。

2. Proteus 嵌入式系统仿真与开发平台

Proteus：Proteus 是一个嵌入式系统仿真与开发平台，是英国 Labcenter Electronics 公司出版的 EDA 工具软件。其启动界面如图 1-5 所示。

图 1-5　Proteus 启动界面

Proteus 的功能：它不仅具有仿真数字、模拟电路的功能，还具备由微控制器及外围器件组成的混合电路的仿真功能。

Proteus 的先进性：它是目前世界上最先进、最完整的嵌入式系统设计与仿真平台。

【任务实施】

一、任务目的

1）了解单片机在我们日常生活中的广泛应用情况。
2）了解单片机的常见类型。
3）了解单片机系统的开发方式。

二、内容与步骤

1）分组讨论日常生活中有哪些包含单片机的系统。
2）上网搜索常见单片机的类型及性能。
3）上网搜索有哪些单片机开发工具，分别适用于哪些单片机。

【任务总结】

单片机从总线宽度来说，分为 8 位、16 位、32 位、64 位单片机。常见的单片机开发系统有 Keil C、MDK、IAR 等，每个开发系统都有其适用的单片机。

思 考 练 习

1. 微型计算机的基本组成是什么？
2. 何谓单片机？其主要特点是什么？
3. 何谓单片机应用系统？
4. 单片机按照总线宽度可以分为哪些类型？

任务二　认识 MCS – 51 单片机

【任务导入】

目前市场上单片机的种类繁多，但因为 MCS – 51 系列单片机发展历史较长，应用较广，教学资源丰富，从结构上也具有代表性，故本教材仍以 MCS – 51 系列作为学习机型。

【任务分析】

本节我们将按照从外而内的方式逐步理解单片机。首先我们需要搞清楚单片机的外部接口——引脚功能，然后我们再进一步了解单片机的内部资源。

【知识链接】

一、MCS – 51 单片机的引脚

当我们拿到一块单片机芯片，想做一个电子产品时，首先要了解芯片每个引脚的功能，然后才能知道如何将其与外围器件连接。图1-6、图1-7 分别是8051 单机片的实物图和引脚图。

1 P1.0	VCC 40
2 P1.1	P0.0 39
3 P1.2	P0.1 38
4 P1.3	P0.2 37
5 P1.4	P0.3 36
6 P1.5	P0.4 35
7 P1.6	P0.5 34
8 P1.7	P0.6 33
9 RST/VPD	P0.7 32
10 RXD P3.0	$\overline{EA}$/VPP 31
11 TXD P3.1	ALE/$\overline{PROG}$ 30
12 $\overline{INT0}$ P3.2	$\overline{PSEN}$ 29
13 $\overline{INT1}$ P3.3	P2.7 28
14 T0 P3.4	P2.6 27
15 T1 P3.5	P2.5 26
16 $\overline{WR}$ P3.6	P2.4 25
17 $\overline{RD}$ P3.7	P2.3 24
18 XTAL2	P2.2 23
19 XTAL1	P2.1 22
20 VSS	P2.0 21

8031 8051 8751

图1-6　AT89C5X 单片机　　　　图1-7　8051 单片机引脚图

1. 电源类引脚

VCC（40 脚）：单片机工作电源的输入端，一般为 5V。

VSS（20 脚）：电源的接地端。

2. 时钟振荡引脚

XTAL1（19 脚）、XTAL2（18 脚）：XTAL1 和 XTAL2 的内部是一个振荡电路，通常在这两个引脚之间接 6 ~ 12MHz 的石英晶振和 30pF 左右的电容。

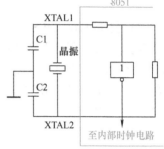

图 1-8 单片机时钟电路

（1）**时钟电路** 单片机内部有一个高增益反相放大器，当外接晶振后，就构成了自激振荡器，并产生振荡脉冲。晶振频率通常选用 11.0592MHz、12MHz、24MHz。时钟电路如图 1-8 所示，其中电容 C1、C2 起稳定振荡的作用，电容值一般取 5 ~ 33pF。

（2）**单片机的时序单位** 时钟周期：又称振荡周期，是最小的时序单位。如果时钟频率 $f_{osc}=12$MHz，则时钟周期为 $\frac{1}{12}$μs。

状态周期：连续的两个时钟脉冲成为一个状态，即 1 个状态周期等于 2 个时钟周期。

机器周期：1 个机器周期由 6 个状态周期即 12 个时钟周期组成，是单片机完成某种基本操作的时间单位，如果时钟频率 $f_{osc}=12$MHz，则机器周期为 $12/f_{osc}=1$μs。

指令周期：执行一条指令所需的时间。一个指令周期由 1 ~ 4 个机器周期组成，不同的指令可以有不同的机器周期。

3. 控制信号引脚

RST/$\overline{\text{VPD}}$（9 脚）：复位信号输入端。

单片机在通电时或在工作中因为干扰而使程序失控时需要复位，复位的作用是使 CPU 及其他功能部件都恢复到一个确定的状态，并从这个状态开始工作。

MCS - 51 单片机的复位通过外部电路实现，复位信号由 RST（RESET）引脚输入，高电平有效，一般大于 2 个机器周期的高电平就能确保单片机可靠复位。若 RST 保持高电平，MCS - 51 单片机会维持复位状态，只有当 RST 由高电平变为低电平以后，才会退出复位状态，程序从 0000H 地址单元开始执行。

常用的复位电路可分为以下两种：

（1）**上电自动复位方式** RST 引脚内部已有一个 50 ~ 300kΩ 的电阻接地，所以只需接一个电容到 VCC，即可在通电时产生开机复位功能，但一般在 RST 引脚用一个 10kΩ 左右的电阻接地，以缩短开机复位时间。

在图 1-9a 中，时间常数 RC 越大，上电时 RST 引脚保持高电平的时间越长，当振荡频率 $f=12$MHz 时，典型值 C 取 10μF，R2 取 4.7kΩ，上述参数要比实际要求的值要大，但设计人员通常并不关心复位时间的多少。

若上电没有进行复位操作，通电后，单片机就会从一个随机的地址获取指令执行，系统将不能正常工作。

（2）**手动复位** 当单片机系统失控时，往往需要手动复位。将一个按钮并联在电容 C 两端，按下按钮 SB 时，RST 引脚就会出现高电平，使单片机复位，如图 1-9b 所示。

（3）**复位状态** MCS-51 单片机复位后，程序计数器 PC 和特殊功能寄存器的状态见表 1-1，复位不会影响内部 RAM 的存放内容。

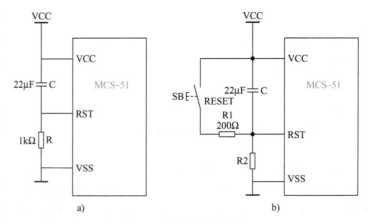

图 1-9　单片机复位电路

表 1-1　各特殊功能寄存器（SFR）的复位值

SFR	复位值	SFR	复位值
PC	0000H	TCON	00H
ACC	00H	T2CON	00H
B	00H	TL0	00H
PSW	00H	TH0	00H
SP	07H	TL1	00H
DPTR	0000H	TH1	00H
P0 ~ P3	FFH	TL2	00H
IPH	× × ×00000B	TH2	00H
IP	× ×000000B	RCAP2L	00H
XICON	0 × ×00000B	RCAP2H	00H
IE	0 ×000000B	SCON	00H
TMOD	00H	SBUF	不确定
T2MOD	× × × × × ×00B	PCON	0 × × ×0000B

由表 1-1 可看出：

（PC）=0000H 表示复位后程序的入口地址为 0000H，也就是说复位后执行的第一条指令位于程序存储器的 0000H 单元；

（PSW）=00H，其中 RS1（PSW.3）=0、RS0（PSW.4）=0 表示复位后，单片机选择工作寄存器 0 组；

（SP）=07H 表示复位后堆栈区建立在内部 RAM 的 07H 单元。

P0 ~ P3 口锁存器为全"1"状态，说明复位后这些并行接口可以直接作为输入口。

RST/VPD 引脚第二功能：是内部备用电源的输入端。当主电源 VCC 发生故障或降低到规定数值时，可通过 VPD 为单片机内部 RAM 提供电源，以保护内部 RAM 中信息不丢失，使系统上电后能够继续正常运行。

ALE/$\overline{\text{PROG}}$（30脚）：ALE为地址锁存允许信号。在访问外部存储器时，8051通过P0口输出外部存储器的低8位地址，ALE用于将外部存储器的低8位地址锁存到外部地址锁存器中。在不访问外部存储器时，ALE以时钟振荡频率的1/6的固定频率输出，因而它又可用作外部时钟信号以及外部定时信号。此引脚的第二功能$\overline{\text{PROG}}$用于内部EPROM的编程脉冲输入。

$\overline{\text{PSEN}}$（29脚）：外部程序存储器ROM的读选通信号。在访问外部ROM时，PSEN引脚产生负脉冲，用于选通外部程序存储器。在访问外部RAM或内部ROM时，不会产生有效的$\overline{\text{PSEN}}$信号。

$\overline{\text{EA}}$（31脚）：为访问内部/外部程序存储器的选择信号。当$\overline{\text{EA}}$高电平时，对ROM的读操作先从内部ROM开始，当地址范围超过内部ROM地址范围时自动切换到外部进行。当$\overline{\text{EA}}$为低电平时，对ROM的读操作限定在外部程序存储器。

P0.0~P0.7（32~39脚）：是一个8位漏极开路型的双向I/O口。当访问外部存储器时，与ALE配合分时复用为地址总线的低8位。P0口一般要求通过5~10kΩ电阻上拉到电源。

P1.0~P1.7（1~8脚）：带内部上拉电阻的8位准双向I/O口。

P2.0~P2.7（21~28脚）：带内部上拉电阻的8位准双向I/O口。在访问外部存储器时，用作地址总线的高8位。

P3.0~P3.7（10~17脚）：带内部上拉电阻的8位准双向I/O口。在系统中，这8个引脚都有各自的第二功能，详见表1-2。

表1-2　P3口的第二功能

P3口引脚	第二功能	P3口引脚	第二功能
P3.0	RXD（串行口输入端）	P3.4	T0（定时器0外部输入）
P3.1	TXD（串行口输出端）	P3.5	T1（定时器1外部输入）
P3.2	INT0（外部中断0输入）	P3.6	WR（外部数据存储器写脉冲输出）
P3.3	INT1（外部中断1输入）	P3.7	RD（外部数据存储器读脉冲输出）

二、单片机最小系统

所谓单片机最小系统，是指在尽可能少的外部电路条件下，形成一个可以独立工作的单片机系统，也就是为了保证单片机能够工作，所必需的最小系统配置。

在进行单片机最小系统设计时，应考虑以下问题。

首先，要保证各电路能够工作，必须有电源；其次，由于单片机是数字电路，其工作离不开时钟，因此必须给单片机配置时钟电路；另外，为保证单片机能可靠工作，还必须配置复位电路。如果选用8031芯片，由于芯片内部没有程序存储器，还必须外扩ROM芯片，而对于8051、8751、8951这类芯片，就不用扩展ROM芯片，只需在3个必要条件的基础上加上系统所需的控制电路就可以了。

单片机最小系统所用到的主要引脚名称及连接方法如下：

① VCC（40 脚）：单片机电源输入端，接 +5V。

② GND（20 脚）：单片机的地线，接地。

③ XTAL1（19 脚）、XTAL2（18 脚）：用于产生单片机工作所需的时钟信号，一般按图 1-8 接上晶振、电容就可以了。

④ RST/$\overline{\text{VPD}}$（9 脚）：RST 为复位信号输入端，用于通电时对单片机内部寄存器进行初始化。引脚第二功能（$\overline{\text{VPD}}$）是内部备用电源的输入端。

⑤ $\overline{\text{EA}}$（31 脚）：访问内部/外部程序存储器控制信号。

⑥ ALE/$\overline{\text{PROG}}$（30 脚）：ALE 为地址锁存允许输出信号。

⑦ $\overline{\text{PSEN}}$（29 脚）：外部程序存储器 ROM 的读选通信号输出端。当访问外部 ROM 时，$\overline{\text{PSEN}}$定时产生负脉冲，用于选通外部程序存储器。

图 1-10 是一个用于控制发光二极管闪烁的单片机最小系统（用 Proteus 画出），该系统包含了电源、时钟、复位电路及发光二极管控制电路。连接好线路，通上电源，单片机就可以正常工作了。但仅有硬件电路是不够的，要完成应用系统的指定功能，还必须编写相应的控制程序。

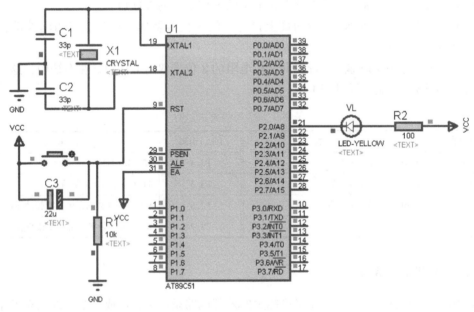

图 1-10　单片机最小系统

在内部 RAM 或内部 ROM 不够时，还需要扩展外部 RAM 或外部 ROM，其扩展电路如图 1-11 所示。

图中：

① 电容 C1、电阻 R1 构成了上电复位电路，在通电时，RST 脚产生高电平使单片机复位初始化。

② 由晶振 Y1、电容 C2、C3 产生系统的时钟信号；$\overline{\text{EA}}$引脚接高电平表明使用内部程序存储器。

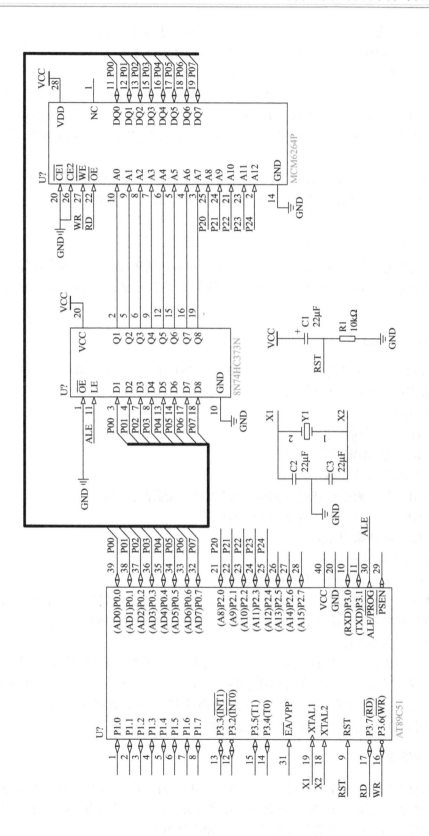

图 1-11　外部数据存储器扩展电路

③ 根据存储器的读写时序，当单片机访问外部数据存储器时，低 8 位地址 A0～A7、数据信号 D0～D7 分时在 P0 口传输。图中地址锁存信号 ALE 直接与地址锁存器 74HC373 的 LE 脚相连，当 ALE 有效时，将 P0 口上出现的低 8 位地址 A0～A7 锁存到 74HC373 中，在其输出端形成 A0～A7，与 P2 口上的高 8 位地址中的 A8～A12 一起送到存储器芯片 6264 的地址输入端，当 P0 口开始传输数据 D0～D7 时，由于 ALE 已无效，74HC373 输出端的地址 A0～A7 能保持稳定不变，对于 P2 口来说，A8～A12 在存储器读写期间保持不变，故无须锁存。

④ 单片机的读（RD）、写（WR）信号直接与存储芯片 6264 的输出允许脚（OE）、写允许脚（WE）相连，6264 的数据线 D0～D7 直接与单片机的 P0 口相连。

注意：图中所有网络标号相同的引脚是连在一起的，比如 AT89C51 的 17 脚 RD（网络标号为 RD）与 6264 的 22 脚 OE（网络标号为 RD）是连在一起的。

单片机程序外部存储器扩展电路如图 1-12 所示。单片机的$\overline{\text{PSEN}}$连接到程序存储器的$\overline{\text{OE}}$引脚作为输出使能信号。P0 口分时复用为地址总线低 8 位和数据，P2 口用作地址总线高 8 位。

三、单片机的内部结构

MCS-51 系列单片机早期的型号有 8051、8031、8751 等，其内部结构如图 1-13 所示。MCS-51 系列单片机由以下部件构成：

① 一个 8 位 CPU。

② 一个片内振荡器及时钟电路。

③ 4KB 的 ROM/EPROM 程序储存器。

④ 128B 的 RAM 数据存储器。

⑤ 可寻址 64KB 外部数据存储器和 64KB 外部程序存储器的控制电路。

⑥ 32 位可编程的 I/O 口（4 个 8 位并行 I/O）。

⑦ 两个 16 位的定时器/计数器。

⑧ 一个可编程全双工串行口。

⑨ 5 个中断源、两个优先级嵌套中断机构。

MCS-51 系列单片机之后又有了 8052、8032、8752 等型号，它们与前 3 个型号的单片机相比，内部程序存储器和数据存储器容量都翻了一番，另外定时器增加到了 3 个，中断源增加到 6 个，其他方面基本相同。

随着 MCS-51 系列单片机进一步发展，其内部包含了更多的数据存储器以及由 E^2PROM 构成的程序存储器，有的单片机还包括 A-D 转换器、USB 接口电路、PWM 输出、看门狗、计数器电路等。MCS-51 系列单片机的内核甚至可以下载到可编程逻辑器件（PLD）中，再用 PLD 构造其他需要的电路，由此构成"单片机系统"。

四、CPU 的组成

CPU 即中央处理器，它是单片机的核心，MCS-51 系列单片机内含一个高性能的 8 位中央处理器。CPU 的作用是从 ROM 中获取指令并进行分析，然后根据指令的功能控制单片机执行指定的动作。CPU 由运算器和控制器两大功能部件组成。

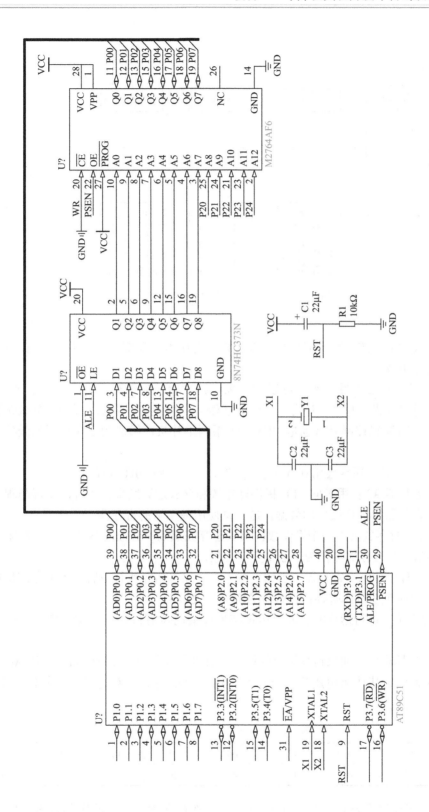

图 1 - 12 51单片机程序存储器扩展电路

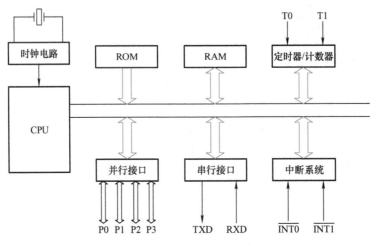

图 1-13　80××单片机内部结构

1. 运算器

运算器的主要功能是进行算术运算和逻辑运算，由算术运算部件（ALU）、暂存器及部分特殊功能寄存器组成。

ALU 是运算器的核心部件，除了可以实现加、减、乘、除等算术运算和与、或、非、异或、循环、求补等逻辑运算外，还有一定的处理能力，如置位、取反、清 0、测试转移等操作，特别适合实时逻辑控制，这也是 MCS－51 系列单片机能够成为面向控制的微处理器的重要原因。

在 ALU 进行运算时，通常会用到 ACC、B、PSW 三个特殊功能寄存器。

ACC（简称累加器 A）：用于向 ALU 提供操作数和存放运算结果，还可以实现与程序存储器、外部数据存储器及 I/O 接口的数据传送，是使用最频繁的寄存器。

B：在乘除运算时存放另外一个操作数，乘除运算完成后，存放运算的一部分结果。如果不进行乘除运算，B 寄存器可作为一般寄存器使用。

PSW：又称为程序状态字寄存器，当加、减、乘、除等指令执行完后，用来存储相应的状态信息。PSW 是一个 8 位的寄存器，各位的定义见表 1-3。

CY：进位标志位。进行运算时，如果运算结果在最高位有进位或借位，则 CY = 1，否则 CY = 0。

AC：辅助进位标志位。如果运算结果的低 4 位有进位或借位，则 AC = 1，否则 AC = 0。

F0：用户标志位。其功能由用户自行定义，用户可通过软件对它置位、复位或测试，以控制程序的流向。

表 1-3　PSW 各位的定义

PSW （D0H）	D7	D6	D5	D4	D3	D2	D1	D0
	CY	AC	F0	RS1	RS0	OV	F1	P

RS1、RS0：工作寄存器选择位。用于选择工作寄存器 R0 ~ R7 的实际位置，取值为 00 ~ 11。

OV：溢出标志位。如果两个操作数的运算结果超出了运算范围，则 OV = 1，否则 OV = 0。

P：奇偶标志位。如果累加器 A 中 1 的个数为奇数，则 P = 1，否则 P = 0。

2. 控制器

控制器的作用是控制单片机各部件的协调动作。控制器由程序计数器 PC、指令寄存器 IR、指令译码器 ID、定时与控制逻辑电路、数据指针 DPTR、堆栈指针 SP 等组成。

程序计数器 PC 是一个 16 位的计数器，它存放着下一条指令所在的 16 位地址。单片机运行中，CPU 总是根据 PC 所指定的地址从程序存储器中取出指令，然后分析执行，同时 PC 的值自动加 1，为读取下一条指令做准备。单片机上电或复位时，PC 自动清 0，单片机从地址 0000H 开始取值执行。

指令寄存器 IR 用来保存正在执行的指令代码。若要执行一条指令，首先要把它从程序存储器取到指令寄存器中。

定时与控制逻辑电路是 CPU 的核心，用来控制取指令、分析指令、存取操作等操作。它向其他部件发出各种操作控制信号，协调各部件的工作。

数据指针 DPTR 是一个 16 位的寄存器，由 DPH（数据指针的高 8 位）和 DPL（数据指针的低 8 位）组成，既能作为一个 16 位寄存器使用，也可作为两个独立的 8 位寄存器使用，DPTR 通常用于存放外部数据存储器的单元地址。

堆栈指针 SP 用于指示堆栈顶部在内部 RAM 中的位置，当数据压入堆栈时，SP 实现自动加 1，然后存入数据；当数据从堆栈中弹出时，首先将 SP 指针所指地址的内容弹出，然后 SP 自动减 1。

五、单片机的存储器

1. 程序存储器

程序存储器用于存放程序、表格、常量。MCS－51 单机片有 64KB 程序存储空间，地址范围 0000H ~ FFFFH，引脚 $\overline{EA}$ 用来选择低地址（000H ~ 0FFFH/0000H ~ 1FFFH）空间使用内部存储器还是外部存储器。其组织结构如图 1-14 所示。

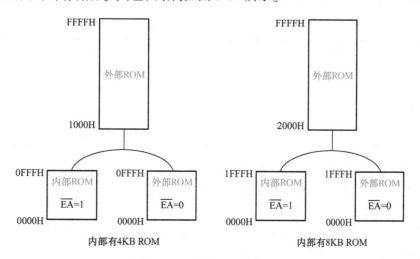

图 1-14　51 单片机程序存储器

当$\overline{EA}$接高电平时，低 4KB/8KB 在芯片内部，其余的 60KB/56KB 在芯片外部，此时即使外部扩充了 64KB 的程序存储器，芯片外部的低 4KB/8KB 是访问不到的；当$\overline{EA}$接低电平时，64KB 的程序存储器全部在芯片外部，此时芯片内部的低 4KB/8KB 是访问不到的，对于 8031 这类芯片内部没有程序存储器的 CPU，$\overline{EA}$必须接低电平。AT89C52 程序存储器的容量有 8KB，89C58 可达 32KB，89C516 有 64KB。一般情况下，使用内部程序存储器就足够了，此时引脚$\overline{EA}$必须接高电平。

2. 内部数据存储器

MCS - 51 系列单片机的内部数据存储器如图 1-15 所示。80C31、80C51、89C51 型号只有 128B 的内部 RAM，地址范围为 00H ~ 7FH；80C32、80C52、89C52 等型号除了 128B 的内部 RAM 外，还拥有 80H ~ FFH 之间 128B 的内部 RAM。

内部 RAM 按其功能可分为 4 个不同的区域。

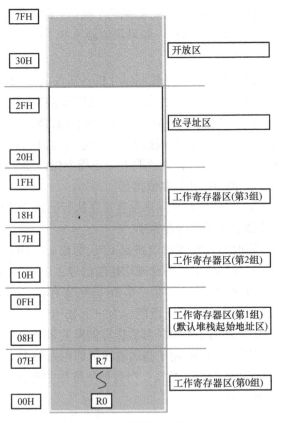

图 1-15　51 单片机内部 RAM

(1) 工作寄存器区（00H ~ 1FH）　工作寄存器区又分四组，依次为第 0 ~ 3 组，每组有 8 个单元，用 R0 ~ R7 作为单元的编号。某一时刻，只能选中一组工作寄存器，被选中的组称为当前组，可作通用寄存器使用，此时其他 3 组只能作为数据存储器使用。

当前组的选择由程序状态字 PSW 中的 RS0、RS1 位决定，见表1-4。

表 1-4　工作寄存器组选择

RS1	RS0	工作寄存器组
0	0	工作寄存器组 0
0	1	工作寄存器组 1
1	0	工作寄存器组 2
1	1	工作寄存器组 3

当单片机上电或复位后，自动选择第 0 组。

工作寄存器区主要用来存放操作数和运算的中间结果。程序中使用工作寄存器可以简化程序设计、提高程序的运算速度。

(2) 位寻址空间（20H ~ 2FH）　共 16B，每个字节 8bit，每位都有一个独立的编号（称为位地址），位地址范围为 00H ~ 7FH。

(3) 用户 RAM 区（30H ~ 7FH）　用户对该区域的访问是按字节寻址的，通常用来存放参与运算的数据或运算的中间结果，另外也常把堆栈开辟在该区域。

(4) 间接寻址区（80H ~ FFH） 共 128B，80C32、80C52 等型号的单片机才有间接寻址区。对该区域数据的读写必须采用间接寻址方式，即以寄存器 R0、R1 的内容作为地址，而对其进行读写。例如要将数据 25H 存入地址为 85H 的内部 RAM 中，就必须用间接寻址指令。

3. 外部数据存储器

MCS - 51 单片机具有拓展 64KB 外部存储器和 I/O 端口的能力。外部数据存储器和外部 I/O 口采用统一编址，用 MOVX 指令对其进行读/写。当片内 I/O 口或数据存储器的资源不能满足系统的要求时，用户可以扩展 I/O 口或外部数据存储器。

4. 特殊功能寄存器

8××51 单片机有 21 个字节的特殊功能寄存器（Special Function Register，SFR），用来设置片内电路的运行方式，记录电路的运行状态。另外，并行 I/O 端口也是特殊功能寄存器，对这些寄存器进行读/写，能够实现从相应 I/O 端口的输入/输出操作。

【任务实施】

一、任务目的

1) 了解单片机引脚功能。
2) 了解单片机内部寄存器。
3) 了解单片机内部 RAM 和外部 RAM。
4) 了解单片机程序存储器的分类。
5) 了解单片机最小系统。

二、软件及元器件

1) Keil μVision 4。
2) Proteus 7.7。
3) 单片机实验平台散件。

三、内容与步骤

1) 在单片机实验平台散件中找到 51 单片机，并对其引脚进行识别。
2) 在 Proteus 中尝试放置一个 AT89C51。
3) 打开 Keil μVision 4 软件，打开范例程序，进入 debug 界面，直观理解单片机的内部资源。如图 1-16 所示。

【任务总结】

单片机通过引脚和外部电路进行交互。软件则通过对单片机特殊功能寄存器的读写来实现预定的功能。因此熟悉单片机的引脚功能及单片机的特殊功能寄存器是学习单片机的一个非常重要的环节。

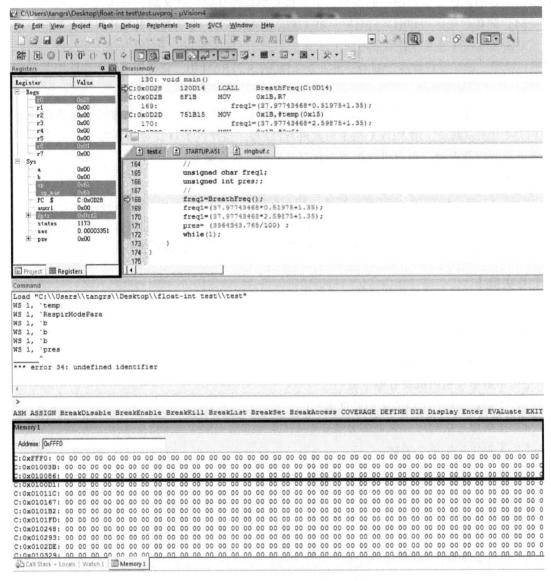

图 1-16　单片机寄存器及内部存储器

思 考 练 习

1. 8051 单片机有哪些资源？

2. 8051 单片机与 8052 单片机，在性能上有什么区别？

3. ALE 引脚的功能是什么？

4. $\overline{EA}$ 引脚的功能是什么？

5. XTAL1、XTAL2 引脚的功能是什么？

6. RST 引脚是复位电平，其有效电平是多少？

7. 请绘制控制发光二极管闪烁的单片机最小系统。

任务三　单片机开发板的焊接与调试

【任务导入】

LY5A‐L2A 是一款 51 和 AVR 兼容学习板，为方便扩展其他设备，板子所有 I/O 口都引出扩展插针。本任务主要是识图，通过读图熟悉开发板各模块电路的电路组成与功能，并识别单片机外围元器件。

在了解 LY5A‐L2A 单片机开发板结构与功能特性的基础上，自己动手完成开发板的组装、焊接与硬件测试。

【任务分析】

本任务的主要目的是进一步锻炼与提高学生的电子操作技能，同时为确保产品的合格率，要求学生一定按照电子工艺规程进行操作。焊接水平不过关的学生，必须进行焊接练习，过关后方可焊接开发板。焊接完成后，还要进行软、硬件测试。

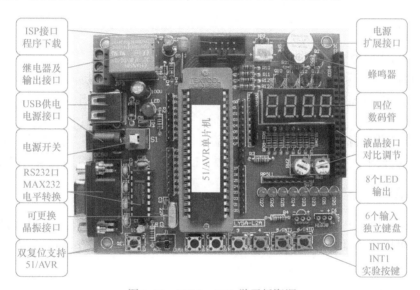

图 1-17　LY5A‐L2A 学习板资源

【知识链接】

一、学习板资源

1）通过串行口通信电平转换芯片 MAX232 及 RS232，可与电脑或其他串行设备通信，STC 单片机程序的下载烧录也是通过此接口。

2）恒流驱动四位数码管显示，可实现动态扫描显示。

3）LCD 接口，可连接 LCD1602 或 LCD12864 等液晶显示屏，板上预装对比度调节电阻。

4）8 个 LED 输出，可做流水灯、跑马灯等实验，也可用作状态显示器件。

5）键盘，包含 6 个按键输入，每个按钮对应一个 I/O 口，其中两个按钮还可做中断输入实验。

6）蜂鸣器，可以作为按键提示音及报警的输出设备。

7）继电器，作为控制其他设备的开关，是一种非常实用的隔离控制器件。

8）电源扩展接口，在扩展时可以为其他设备供电。

9）双复位切换电路插针 J1，支持 51/AVR 单片机实验。

10）LY5A – L2A 学习板支持多款单片机。

a）STC89 系列，如 STC89C51、STC89C52 等（40 脚 DIP 封装均可，其他封装可通过转接板使用）。

b）AT89S 系列，如 AT89S51、AT89S52 等。

c）AVR 单片机，40 脚 DIP 封装的有两种接口：一种如 ATMEGA8515、ATMEGA162 等可以直接使用；另一种如 ATMEGA16/32 需要通过转接板使用。其他非 DIP 封装也可通过转接板使用。

二、单片机开发板各功能模块介绍

（一）电源部分

电源部分采用两种输入接口，如图 1-18 所示。

1）外电源供电，采用电源插座，外电源 DC5V 经二极管 VD1 接入开关 S1。

2）USB 供电，USB 供电口输入电源也经 VD1 单向保护，送到开关 S1。

注意：两路电源输入是并联的，因此只选择一路就可以了，以免出问题。

S1 为板子工作电源开关，按下后接通电源，VCC 供电给板子各功能电路。电路采用两个滤波电容，给板子一个更加稳定的工作电源。LED 为电源的指示灯，通电后 LED 亮。

（二）扩展电源

如图 1-19 所示，JPW 是内部电路的 5V 电源引出接口，在电源开关之后（即受电源开关的控制），可用于外部扩展电路供电。使用了两个不同的扩展接口插针，方面各种场合使用。

注意：禁止将此两脚短路。

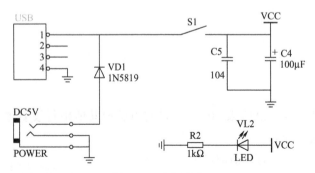

图 1-18　电源电路

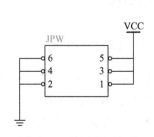

图 1-19　扩展电源电路

（三）复位电路

复位电路如图 1-20 所示。51 单片机与 AVR 单片机的复位电平不同，前者为高电平复位，后者为低电平复位，因此设计了插针 J1 来转换，这也是支持 51 和 AVR 的原因所在。J1 的下插针切换复位按键的连接方式 VCC 和 GND，51 单片机连接 VCC，AVR 单片机连接 GND，J1 的上插针是为了 51 单片机引入上

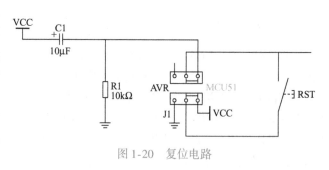

图 1-20　复位电路

电复位电路，电容和电阻组成简单的上电复位，而对于 AVR 单片机内部有上电复位电路且上电复位电平也不同就无须接入，因此 J1 的上插针有一个空脚。

注意：在使用不同单片机需要切换 J1 时，上下插针都要做相应切换。

（四）蜂鸣器

蜂鸣器分为有源蜂鸣器和无源蜂鸣器两种，有源蜂鸣器两引脚接直流电源就可以长鸣，无源蜂鸣器则需要一个 1kHz 左右的脉冲才可以蜂鸣，因此对于按键的提示音及报警蜂鸣使用有源蜂鸣器来得方便。有源蜂鸣器也可以当无源蜂鸣器使用，而无源蜂鸣器则不能当有源蜂鸣器使用，当然有源蜂鸣器与无源蜂鸣器发音上是有区别的。

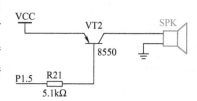

图 1-21　蜂鸣器电路

如图 1-21 所示：单片机 P1.5 输出高低电平经 R21 连接晶体管基极 B，控制晶体管的导通与截止，从而控制蜂鸣器的工作。低电平时晶体管导通，蜂鸣器得电蜂鸣，高电平时晶体管截止，蜂鸣器失电关闭蜂鸣。

（五）继电器

如图 1-22 所示，单片机 P1.4 输出高低电平经 R41 连接晶体管基极 B，控制晶体管的导通与截止，从而控制继电器的吸合与断开。低电平时晶体管导通，继电器得电吸合，电流同时经 R42 流经 LED VL42，VL42 点亮（状态指示），VD4 是续流二极管，起保护晶体管的作用。高电平时晶体管截止，继电器失电断开，指示灯 VL42 灭。

继电器的主要用途有两种：其一是用低电流或低电压控制高电流或高电压设备；其二是隔离控制电路和执行电路。图 1-22 中，只要在线圈两端加上工作电压，线圈中就会流过电流，从而产生电磁效应，衔铁就会在电磁力吸引的作用下克服返回弹簧的拉力吸向铁心，从而带动衔铁的动触点与静触点

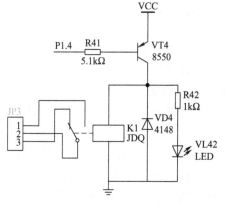

图 1-22　继电器电路

吸合。当线圈断电后，电磁力也随之消失，衔铁就会在弹簧的反作用力作用下返回原来的位置，使动触点与原来的静触点接通。

（六）发光二极管（LED）控制电路

二极管的两个引脚分别为阳极和阴极，电流从阳极入阴极出，多个发光二极管并联可组成共阳极型或共阴极型，共阳极型是将多个发光二极管的阳极接在一起，引出各阴极；共阴极型则是将多个发光二极管的阴极接在一起，引出各阳极。LED 数码管和 LED 点阵屏广泛使用这两种连接方式。

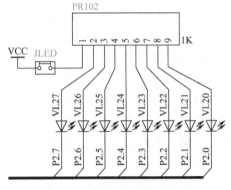

图1-23　发光二极管控制电路

如图 1-23 所示，8 个发光二极管采用共阳极接法，各阳极接限流电阻排到 VCC 端，阴极接单片机的 P2 口。要使各 LED 点亮，P2 口需要输出低电平，如：要使 LED（VL20）亮，P2.0 = 0 即 P2 = 0XFE。

（七）数码管

如图 1-24 所示，电路使用一个四位共阳极型数码管，四个阳极公共端由晶体管放大电流来驱动，晶体管由 P1.0 ~ P1.3 控制开关。数码管的阴极通过限流电阻 R08 ~ R01 连接到 P0 口。

例如，要十位的数码管工作，P1.2 输出 0，使晶体管 VT12 导通，8 脚得电，当 P0 口相应位输出 0 时，相应位的 LED 点亮组合成各种字符数字。

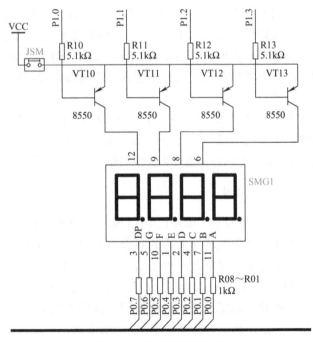

图1-24　数码管控制电路

（八）LCD 液晶接口

1. 16 引脚 LCD 液晶接口

LCD 接口支持 16 脚接口标准和 20 脚接口标准，如图 1-25 所示。

可连接 16 脚兼容的液晶，比如 LCD1602，图形点阵 LCD12232 等。

引脚 1、2 是电源引脚，1 负 2 正，工作电压 5V。

引脚 3 用于对比度控制，由可调电阻 RP2 控制。调节 3 脚对地电阻值可改变对比度。默认 3 脚已调节在最大对比值，如果对比度太强可微调电位器。

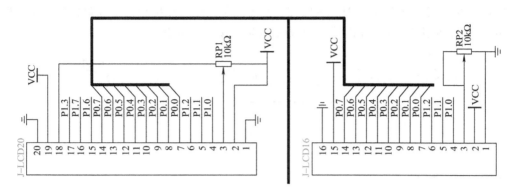

图 1-25　LCD 接口电路

引脚 4~6 是控制引脚 RS、R/W 和 E，接 P1.0~P1.2。

引脚 7~14 是并行数据总线接 P0 口，这与数码管是共用引脚。因显示设备有一种就可以了，所以共用，使用 LCD 时可拆除 JSM 跳线帽以降低功耗。

引脚 15、16 接背光灯电源，15 正 16 负，工作电压 5V。

2. 20 引脚 LCD 接口电路

LCD 接口电路如图 1-25 所示。这里可使用 LCD12864，也可接其他 LCD，只要 20 个脚功能兼容就可以了。

引脚 1、2 是电源引脚，1 负 2 正，工作电压 5V。

引脚 3 用于对比度控制，由可调电阻 RP1 控制，从引脚 18 引出与 VCC 的分压调节，适合早期驱动芯片的负压驱动，有些液晶屏对比度调节直接集成在液晶驱动板背面，此时液晶屏对比度不受 RP1 控制。

引脚 4~6 是控制引脚 RS、R/W 和 E，接 P10-P12。

引脚 7~14 是并行数据总线接 P0 口，这与数码管是共用脚。（因显示设备有一种就可以了，所以共用，使用 LCD 时可拆除 JSM 跳线帽以降低功耗。）

引脚 15 和 16 是功能选择，学习板引入 P1.6 和 P1.7，大家可根据自己的 LCD 来设置这两个引脚的电平。比如 LCD12864-12 接口是 PSB 和 NC（空脚），PSB 是串行与并行数据转换，高电平使用并行通信，低电平使用串行通信。还有的接口是 CS1 和 CS2，用于前半屏与后半屏的选择。

引脚 17 是复位引脚，电路直接引入 VCC，不使用复位功能。

引脚 19、20 是背光灯电源引脚，19 正 20 负，工作电压 5V。

注意：1. 两个对比度电位器的位置。

2. 使用液晶时，建议使用外电源（变压器等）供电，否则使用 USB 电源时受电量的限制，液晶对比度达不到理想状态，电压过低则显示不清甚至看不到显示。

3. 使用液晶时，可将数码管取下，以降低功耗。

4. 在使用 LCD1602、LCD12864 液晶屏时，需要拔下数码管，否则会对数据总线造成影响。

（九）独立键盘

如图 1-26 所示，由 6 个按键组成，每个按键的一端连接 I/O 口，另一端直接连接 GND

（0 电位）。6 个按键分别接入 P3.7 ~ P3.2，只要按下按键，相应位的 I/O 口位将被拉为低电平（0），程序可以通过判断相应位是否为 0 来确认按键已按下。

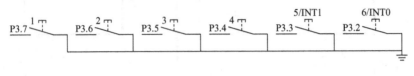

图 1-26　独立键盘电路

（十）中断按钮

I/O 口 P3.2 和 P3.3 经一个按钮接入 GND，如图 1-26 键盘电路中的 5 键和 6 键，当按下按钮时，P3.2 或 P3.3 口由高电平 1 下跳到低电平 0，CPU 产生中断（当然，芯片内部要开启中断才有作用）。5、6 键也可以作为普通按键使用。

（十一）红外接口

如图 1-27 所示，接口电路将数据引脚直接连接 P3.3，可使用中断接收，做红外接收实验，可用遥控器做发射器，配合相应的解码器进行接收，扩展无线遥控键盘。

可直接插接 1838 类红外接收 IC，内部带检波电路，配合现在广泛使用的 38K 载波发射遥控器，如电视，VCD 遥控器等。

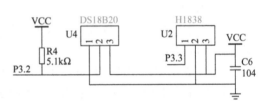

图 1-27　红外接口电路及温度传感接口电路

注意：请在关闭电源的状态下插拔，确认引脚方向无误再通电。

（十二）温度传感接口

如图 1-27 所示，此接口可连接温度传感芯片 DS18B20，学习“1 – Wire”通信，可以制作温度计、温度控制及报警装置等。中间数据引脚接入 P3.2，R4 为上拉电阻，提升工作电流以提高稳定性。

注意：请在关闭电源的状态下插拔，确认引脚方向无误再通电。

（十三）ISP 下载接口

ISP 是一种串行下载接口，AT89S 或 AVR 单片机可使用此接口通过下载器烧写程序，接口比较简单，除电源外一条复位线和三条数据线直接连接 P1 相应接口。

在使用 USB – ISP 下载器时，这里的 VCC 可由 USB – ISP 下载器供给。由于 USB 端口功率有限，如果扩展外围电路负载不大，学习板可不接外部电源，否则需要加接电源。

（十四）串行通信电路

单片机的串行通信接口是 P3.0 和 P3.1，接口输出的是 TTL

图 1-28　ISP 下载电路

电平。因 TTL 电平的通信距离有限，因此就出现了 RS232 接口，此接口通信距离大大提升。要使 TTL 电平转换为 RS232 电平，必须通过转换电路，部分电路使用分立元器件构成，目前大部分使用 MAX232 等芯片。个人计算机上的 COM 口就是 RS232 接口，STC 单片机也是通过此 COM 口烧写程序的。

如图 1-29 所示，电路中的 MAX232 电平转换 IC 外接四个电容，有电压泵的作用，可以将输出电位差拉高，与接口 RS232 电平相符合。双机通信也可通过此接口，这将会大大提高通信距离。

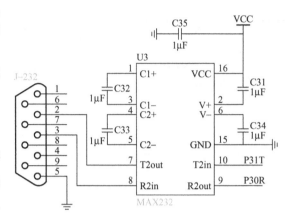

图 1-29　串行通信电路

（十五）扩展接口插针

如图 1-30 所示，P1 和 P3 是两个单排 8 脚的插针。P0、PEA、ALE、$\overline{PSEN}$、P2 组成 19 引脚排针，此接口是使用 AT89C51 单片机设计，当使用 STC 或 AVR 单片机时 PEA、ALE、$\overline{PSEN}$ 也可作为其他 I/O 口使用。

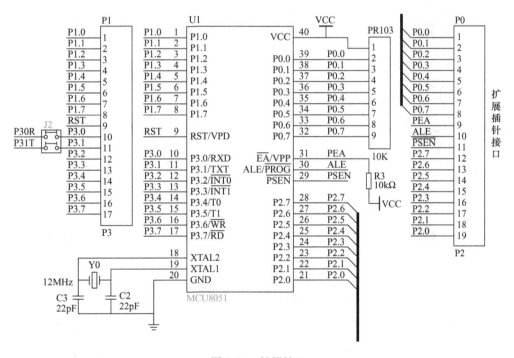

图 1-30　扩展接口

三、常用元器件的识别

常用元器件见表 1-5。

表 1-5　元器件识别

电阻	1N4148 开关二极管	1N5819 二极管
排阻	发光二极管	单排母（圆孔）
瓷片（云母）电容	独石电容	IC 插座
按键	USB 接口	单排插针
数码管	电位器	双排插针
晶体管	电解电容	简易牛角座
DC 电源插座	单排母（方孔）	三位接线柱

（续）

自锁开关	IC 测试座	DB9
继电器	六角铜柱	跳线帽
晶振	蜂鸣器	

四、主要元器件的测试方法

1. 电阻

用万用表电阻档检测电阻值是否与标称值相符。

2. 电位器

用万用表检测电位器的活动端与固定端的电阻，并旋转调整手柄，观察电阻是否能从 0 变化到标称值。

3. 电容

（1）小电容 用数字万用表电容测试功能进行测试。

（2）电解电容 用指针式万用表测试电解电容的充放电情况：一是观察电容的充放电的快慢，充放电的快慢反映电容容量的大小。慢，说明电容的容量较大；反之，电容容量较小。二是观察充放电结束时，电容的电阻情况，正常时应为无穷大。若为一有限值，说明该电容漏电，电阻越小说明漏电越严重。

4. LED

可直接用 3V 纽扣电池正向连接 LED，若亮，说明 LED 正常。

5. 数码管

数码管的每一笔画都是由一只 LED 构成，因此可通过检查 LED 的方法检查数码管的每一段的显示情况。

6. 蜂鸣器

可直接用 5V 电源连接蜂鸣器的正负极，若蜂鸣发声响亮，说明蜂鸣器正常。

7. 继电器

用5V电源给继电器线圈通、断电，应能听到继电器中有触点跳动的声音。

五、锡焊的工艺要素

1. 工件金属材料应具有良好的可焊性

可焊性即可浸润性，是指在适当温度下，工件金属表面与焊料在助焊剂的作用下能形成良好的结合，生成合金层的性能。铜是导电性能良好且易于焊接的金属材料，常用元器件的引线、导线及接点等多数采用铜材料制成；金、银的可焊性好，但价格昂贵；铁、镍的可焊性较差，为提高其可焊性，通常在铁、镍合金的表面先镀上一层锡、铜、金或银等金属。

2. 工件金属表面应洁净

工件金属表面如果存在氧化物或污垢，会与焊料在界面上形成合金层，造成虚焊、假焊。轻度的氧化物或污垢可通过助焊剂来清除，较严重的要通过化学或机械的方法来清除。

3. 正确选用助焊剂

助焊剂是一种略带酸性的易熔物质，在焊接过程中可以溶解工件金属表面的氧化物和污垢，并提高焊料的流动性，有利于焊料浸润和扩散的进行，在工件金属与焊料的界面上形成牢固的合金，保证焊点的质量。助焊剂种类很多，效果也不一样。使用时必须根据工件金属材料、焊点表面状况和焊接方式来选用。

4. 正确选用焊料

焊料的成分及性能与金属材料的可焊性、焊接的温度及时间、焊点的机械强度等相适应，焊接工艺中的焊料是锡铅合金，根据锡铅的比例及含有其他少量金属成分的不同，其焊接特性也有所不同，应根据不同的要求正确选择焊料。

5. 控制焊接温度和时间

热能是进行焊接必不可少的条件。热能的作用是熔化焊料、提高工件金属温度、加速原子远动，使焊料浸润工件金属表面，扩散到工件金属界面的晶格中去形成合金层。温度过低，会造成虚焊；温度过高，会损坏元器件和印制电路板。合适的温度是保证焊点质量的重要因素。在手工焊接时，控制温度的关键是选用具有适当功率的电烙铁和掌握焊接时间。电烙铁功率较大应适当缩短焊接时间，电烙铁功率较小可适当延长焊接时间。根据焊接面积的大小，经过反复多次实践才能把握好焊接工艺的这个要素。焊接时间过短，会使温度太低；焊接时间过长，会使温度太高。一般情况下，焊接时间应不超过3s。

六、焊接的注意事项

1. 正确的焊接方法

焊接时利用电烙铁头对元器件引线和焊盘预热，电烙铁头与焊盘的平面最好成45°夹角，等待焊盘上升至焊接温度时，再加焊锡丝。若被焊金属未经预热，而将焊锡直接加在电烙铁头上，使焊锡直接滴在焊接部位，这种焊接方法常常会导致虚焊。

1）插件元器件焊接的步骤：

a）插入。将插件元器件插入电路板标示位置过孔中，与电路板紧贴至无缝为止。如未与电路板贴紧，在重复焊接时焊盘高温易使焊盘损伤或脱落，物流过程中也可能导致焊盘损伤或脱落。

b）预热。 电烙铁与元器件引脚、焊盘接触，同时预热焊盘与元器件引脚，而不是仅仅预热元器件，此过程约需 1s。

c）加焊锡。 焊锡加焊盘上（而不是仅仅加在元器件引脚上），待焊盘温度上升到使焊锡丝熔化的温度，焊锡就自动熔化。不能将焊锡直接加在电烙铁上使其熔化，这样会造成冷焊。

d）加适量的焊锡，然后先拿开焊锡丝。

e）焊后加热。 拿开焊锡丝后，不要立即拿走电烙铁，应继续加热使焊锡完成润湿和扩散两个过程，直到焊点最明亮时再拿开电烙铁，不应有毛刺和空隙。

f）冷却。 在冷却过程中不要移动插件元器件。

2）贴片元器件焊接的主要步骤

a）在待焊元器件的一端点上焊锡。

b）用镊子将贴片元器件水平放置在电路板上标示位置，先焊接好已点锡的一端，再在未点锡的一端加上焊锡焊接好即可。

2. 焊接要素

1）焊接温度和时间。 焊锡的最佳温度为 350℃，温度太低易形成冷焊点，高于 400℃ 易使焊点质量变差，且容易导致焊盘（铜皮）变形或脱落。

焊接时间：完成润湿和扩散两个过程需 2～3s，1s 仅完成润湿和扩散两个过程的 35%。一般 IC、晶体管焊接时间小于 3s，其他元器件焊接时间为 4～5s。

2）焊锡量适当。 焊点上焊锡过少，机械强度低。焊锡过多，会容易造成绝缘距离减小、焊点相碰或跳锡等现象。

3. 电烙铁使用注意事项

电烙铁温度升高后，首先应将电烙铁尖点上薄薄的一层焊锡，以避免电烙铁尖因氧化而不沾锡。使用过程中，电烙铁尖表面应一直保持有薄薄的焊锡层，多余的焊锡可轻轻甩在电烙铁架上，或用一块湿布（湿海绵）擦拭一下。暂时不用时，应将电烙铁温度调至最低。

4. 焊接电路板的注意事项

1）先熟悉开发板原理图再和电路板上的丝印层相对照，以免出现错误。

2）焊接时先焊小元器件再焊大元器件。

3）焊接分立元器件时先固定一个引脚，然后调整位置，以免焊歪。

4）焊接 USB 接口时，先不要焊接其右侧的电容 C4，应等焊上 USB 接口后再焊电容 C4，另外，不要使 USB 引脚间相互短路。

5）安装发光二极管、电容和蜂鸣器时，注意不要把它们的极性装反。

6）安装集成块时，它们的缺口要与丝印层上的缺口保持一致。

7）焊接晶体管时，应注意晶体管的朝向。

七、焊点的质量要求

1. 电气性能良好

高质量的焊点应是焊料与工件金属界面形成牢固的合金层，这才能保证良好的导电性能。不能简单地将焊料堆附在工件金属表面而形成虚焊，这是焊接工艺中的大忌。

2. 具有一定的机械强度

焊点的作用是连接两个或两个以上器件，并使电气接触良好。电子设备有时要工作在振动的环境中，为使焊接件不松动或脱落，焊点必须具有一定的机械强度。锡铅焊料中的锡和铅的强度都比较低，有时在焊接较大和较重的元器件时，为了增加强度，可根据需要增加焊接面积，或将元器件引线、导线先行网绕、绞合、钩接在接点上再行焊接。所以，采用锡焊的焊点一般都是一个被锡铅焊料包围的接点。

3. 焊点上的焊料要适量

焊点上的焊料过少，不仅降低机械强度，而且由于表面氧化层逐渐加深，会导致焊点早期失效。焊点上的焊料过多，既增加成本，又容易造成焊点桥接（短路），也会掩盖焊接缺陷，所以焊点上的焊料要适量。焊接印制电路板时，焊料布满焊盘呈裙状展开时最为适宜。

4. 焊点表面应光亮均匀

良好焊点的表面应光亮且色泽均匀。这主要是由助焊剂中未完全挥发的树脂成分形成的薄膜覆盖在焊点表面，能防止焊点表面的氧化。如果使用了消光剂，则对焊点的光泽不做要求。

5. 焊点不应有毛刺、空隙

焊点表面存在毛刺、空隙不仅不美观，还会给电子产品带来危害，尤其在高压电路部分，将会产生尖端放电而损坏电子设备。

6. 焊点表面必须清洁

焊点表面的污垢，尤其是焊剂的有害残留物质，如果不及时清除，酸性物质会腐蚀元器件引线、接点及印制电路，吸潮会造成漏电甚至短路燃烧，从而带来严重隐患。

八、电路测试

1）用双眼观察电路板各焊点，检查是否存在假焊、虚焊或漏焊，线路间是否存在短路与断电现象。

2）拔下各电路模块的电源短路帽，用万用表检测各电路模块的电源端对地端的电阻，防止短路现象。

3）选择 USB 供电，接通电源开关，用万用表检测电路模块供电端，正常时，各供电端应该有 +5V 供电电压。

4）断电，插上各电路模块的短路帽，再通电，用双眼观察是否有异常情况出现？若无，说明电路焊接正常。

九、联机测试

1）对单片机系统电路进行联机测试，即将包含有应用程序的单片机插入单片机插座上并锁紧；按照系统要求进行电路连接、上电运行程序。若系统功能符合要求，说明 LY5A－L2A 型单片机开发板系统正常。

2）本任务中，也可忽略联机测试环节，直接进行以下各项任务。

【任务实施】

一、任务目的

1）认识单片机常用外围元器件。

2）了解常用元器件的焊接方法。

3）了解单片机程序的下载方法。

二、软件及元器件

1）STC - ISP 下载软件。

2）单片机实验板散件。

3）电烙铁、焊锡、松香、镊子及斜口钳等工具。

4）下载线。

三、内容与步骤

1）在单片机实验板散件中找到 PCB，并按照先小后大、先矮后高的顺序将元器件焊接好。

2）将测试程序下载到实验板中，验证实验板能否正常工作。

【任务评价】

1）分组汇报单片机实验板的焊接情况，通电演示电路功能，并回答相关问题。

2）填写任务评价表，见表1-6。

表1-6 任务评价表

	评价内容	评价标准	分值	学生自评	小组互评	教师评价
知识目标	焊接方法	掌握元器件的焊接方法				
	认识单片机外围元器件	掌握单片机外围元器件的识别方法				
	认识单片机外围元器件的电气符号	掌握单片机外围元器件符号				
	熟悉焊接的基本流程	掌握焊接的基本方法				
技能目标	能够按照工艺要求完成电路焊接	掌握电路焊接的基本方法				
	安全操作	安全用电、遵守规章制度				
	现场管理	按企业要求进行现场管理				

【任务总结】

通过识图、焊接、测试流程，熟悉单片机实验板的电路组成及程序的下载方法，为下一步学习打好基础。

扩 展 训 练

质量自评与互评：首先根据自己电路板的焊接情况进行自评，然后同学间交换电路，进行互评，最后形成自己焊接电路板的整体评价。

项目二

跑马灯的设计

项目描述：

发光二极管是单片机开发板中原理较简单的部分。本项目中，通过单片机对发光二极管的控制实现跑马灯的功能，掌握单片机应用系统开发的整个流程及 C 语言程序的设计方式。学会用 Keil C 软件编写程序，用 PROTUES 软件仿真，用 STC – ISP 软件下载烧录程序。

知识目标：

1）掌握 LED 基本知识，会用 Proteus 软件绘制仿真图。

2）掌握简单延时程序设计、子程序调用、带参数子程序设计，会使用基本循环语句。

3）掌握使用 Keil 软件实现基本调试步骤，掌握延时时间的计算。

4）掌握查表法程序、移位程序的编写及库函数的调用。

5）了解程序状态字 PSW 的概念。

能力目标：

1）能认识单片机学习板的各个部分及其功能。

2）能使用 Keil 软件编程、Proteus 软件仿真。

3）能正确编写 C 语言单片机程序，使任意发光二极管点亮、闪烁、循环。

教学重点：

1）Keil 软件及 Proteus 软件的使用方法。

2）单片机开发板的开发流程。

3）C 语言单片机程序的基本语法。

教学难点：

1）Keil 软件及 Proteus 软件的使用方法。

2）C 语言单片机程序的编写思路。

任务一 认识 Keil C51

【任务导入】

项目一中已经学习了单片机实验板的焊接，还需要软件配合才能实现相关的功能。下面介绍怎样编写单片机程序完成对单片机硬件的控制。

【任务分析】

了解 Keil C51 对 C 语言的扩展，熟悉单片机 C 程序的结构，用 Keil C51 编写一个小程序，输出"Hello World"。

【知识链接】

一、Keil C51 对 C 语言的扩展

1. 数据类型

C51 具有标准 C 语言的所有标准数据类型。除此之外，为了更加有效地利用 8051 结构，还加入了以下特殊的数据类型，详见表 2-1。

1）bit：位变量，值为 0 或 1。

2）sbit：特殊功能位变量，值为 0 或 1。

3）sfr：特殊功能寄存器，sfr 字节地址为 0～255。

4）sfr16：16 位的特殊功能寄存器，sfr16 字节地址为 0～65535。

表 2-1 Keil C51 变量类型

数据类型	位 数	字 节 数	数值范围
bit	1		0～1
char	8	1	-128～127
unsigned char	8	1	0～255
enum	16	2	-32768～32767
short	16	2	-32768～32767
unsigned short	16	2	0～65535
int	16	2	-32768～32767
unsigned int	16	2	0～65535
long	32	4	-2147483648～2147483647
unsigned long	32	4	0～4294967295
float	32	4	±1.175494E-38～±3.402823E+38
sbit	1		0～1
sfr	8	1	0～255
sfr16	16	2	0～65535

2. 存储类型及存储区

1）存储区指定。为了更加合理地使用单片机的存储器资源，Keil C51 使用表 2-2 的关键字来定位变量和程序在存储器中的位置。

表 2-2　Keil C51 存储类型及存储区

存　储　区	描　　述
data	RAM 的低 128B，可在一个机器周期内直接寻址
bdata	位于 data 区，是字节、位混合寻址的 16B 区
idata	RAM 的高 128B，必须采用间接寻址
xdata	外部存储区，使用 DPTR 间接寻址
pdata	外部存储区的 256B
code	程序存储区

2）存储类型及存储区使用举例。

a）DATA 区：DATA 区声明中的存储类型标识符为 data。

【例 2-1】unsigned char data system status = 0;

说明：定义无符号字符型变量 system status 初始值为 0，使其存储在低 128B。

【例 2-2】unsigned int data uint_id[2];

说明：定义无符号整型数组 uint_id，存储在低 128B。

b）BDATA 区：BDATA 区声明中的存储类型标识符为 bdata（20H～2FH）。

【例 2-3】unsigned char bdata status_byte;

说明：定义无符号字符型变量 status_byte，使其存储在 20H～2FH 区，可进行位寻址。

【例 2-4】unsigned int bdata status_word;

说明：定义无符号整型变量 status_word，使其存储在 20H～2FH 区。

c）IDATA 区：IDATA 区声明中的存储类型标识符为 idata，存储在内部的高 128B 区；但是只能间接寻址，速度比直接寻址慢。

【例 2-5】unsigned char idata system_status;

　　　　　unsigned int idata uint_id[2];

说明：定义无符号 8 位字符型变量 system_status 和无符号 16 位整型数组 uint_id[2]，并将它们分配在高 128B 区域。

d）PDATA 区和 XDATA 区：均属于外部存储区。

PDATA 区和 XDATA 区声明中的标识符分别为 pdata 和 xdata。xdata 存储类型标识符可以存取外部数据存储区 64KB 内的任何地址，而 pdata 只能存取 256B 范围的外部数据区。

e）程序存储区 CODE。

CODE 区声明中的标识符为 code，用于指定变量等处于程序存储器区域。

【例 2-6】

```
unsigned char code display[] = {0xc0,0xf9,0xa4,0xb0,0x99,0x92,0x82,0xf8,
0x80,0x90};
```

说明：在程序存储器中定义一个 8 位无符号整型数组 display。

3. 函数的使用

(1) 函数声明 Keil C51 编译器扩展了标准 C 函数声明，这些扩展有：

1）指定一个函数作为一个中断函数。

2）选择所用的寄存器组。

3）选择存储模式。

4）指定重入。

在函数声明中可以包含这些扩展或属性。声明 C51 函数的标准格式如下：

```
[return_type]funcname([args])[{small compact large}][reentrant]
[interrupt n][using n]
```

return_ type：函数返回值的类型，如果不指定，缺省是 int。

funcname：函数名。

args：函数的参数列表。

small、compact 或 large：函数的存储模式。

reentrant：表示函数是递归的或可重入的。

interrupt：表示是一个中断函数。

using：指定函数所用的寄存器组。

(2) 中断函数 中断函数的完整语法如下：

返回值 函数名（［参数］［模式］［重入］）interrupt n ［using n］

interrupt n 中的 n 对应中断源的编号，在 51 系列单片机中，有的单片机多达 32 个中断源，所以 n 的取值范围为 0～31。中断源的编号告诉编译器中断程序的入口地址。

using n 的 n 对应四组通用寄存器中的一组，n 的取值 0～3。

8051 单片机的中断源、中断编号及入口地址见表 2-3。

表 2-3　8051 单片机中断源及入口地址

中 断 编 号	中 断 源	入 口 地 址
0	外部中断 0	0003H
1	定时器/计数器 0	000BH
2	外部中断 1	0013H
3	定时器/计数器 1	001BH
4	串行口中断	0023H

【例 2-7】

```
void timer(void) interrupt 1 using 2
{
    ......
}
```

说明：声明了一个 timer（）函数与中断 1 挂钩，并使用第 2 组通用寄存器。

(3) 重入函数 由于 51 单片机内部堆栈空间有限，C51 采用一种压缩栈的方法，即为每个函数设定一个空间用于存放局部变量。

一般函数中的每个变量都存放在这个空间的固定位置，当递归调用这个函数时会导致变量被覆盖。而在中断程序中可能再次调用这个函数，所以C51允许将函数声明成重入函数。

重入函数又叫再入函数，是一种可以在函数体内间接调用其自身的函数。重入函数可被递归调用和多重调用，而不用担心变量被覆盖。这是因为每次函数调用时的局部变量都会被单独保存起来。

声明重入函数格式如下：

函数返回值　函数名（形式参数表）reentrant。

【例2-8】

```
int calc(char i,int b)reentrant
{
    int x;
    x = table[i];
    return(x* b)
}
```

二、Keil C51 程序的结构

Keil C51 是基于 51 硬件进行了局部扩展的标准的 C 语言编译系统，因此其 C 程序的框架结构与 ANSI C 类似。其程序框架结构如下：

```
#include  "stdio.h"   //………嵌入头文件………
void main()           //………………主函数…..
{
}
```

其中头文件 stdio.h 与 ANSI C 中不同，ANSI C 将屏幕定义为标准输出设备，而将键盘定义为标准输入设备，而在 Keil 中，则把串行口定义为标准输入/输出设备，也就是说，Keil C 的输入和输出都是通过串行口来完成的。

用户基于硬件的考虑，可以在编译器中添加与 CPU 匹配的头文件。如 51 单片机常用的头文件是 reg51.h。reg51.h 中定义了与 51 单片机硬件资源相对应的变量，这些变量可以直接在程序中引用。比如可以在程序中直接对 P0 口进行操作。

```
#include "reg51.h"
void main()
{
    P0 = 0xff;     //将 P0 口全部置 1
    ………
    P0 = 0;        //将 P0 口全部置 0
    while(1);      //程序运行后停在此处,防止程序跑飞
}
```

之所以可以直接引用 P0，是因为嵌入了头文件 reg51.h，而 P0 就是其中定义的变量之一。如图 2-1 所示。

三、Keil C51 用户界面

在有了以上的知识准备之后，我们可以先编写一个简单的 Keil C51 程序。

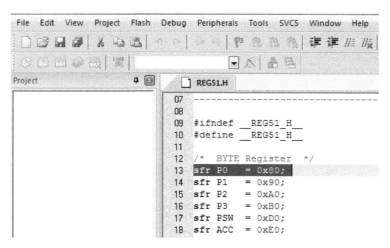

图2-1 51单片机头文件reg51.h中预定义的部分变量

如图2-2所示，1为标题栏，2为菜单栏，3、4为工具栏，5为工程窗口，6为文件编辑窗口，7为输出窗口。程序的编辑在文件编辑窗口完成。Keil C51程序编写可以按照下列几个步骤进行：

第一步：在电脑上新建一个文件夹，并命名，如myfirsttest，这个文件夹用于统一保存相关的工程文件、程序文件等。

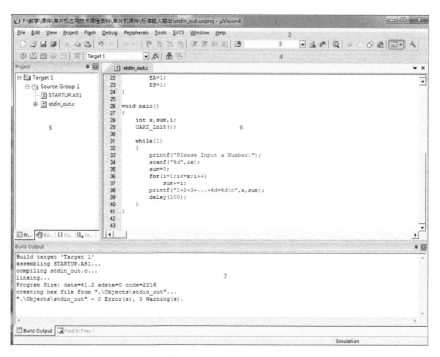

图2-2 Keil C51界面

第二步：打开Keil C51，单击"Project-New μvision Project…"，新建工程，如图2-3所示，此时弹出如图2-4所示窗口，要求输入保存工程文件的文件夹，我们可以指定刚刚建立的myfirsttest文件夹，并输入工程名称，如myfirstproject，如图2-5所示。

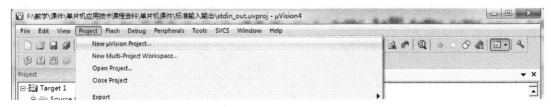

图 2-3　新建工程

图 2-4　指定文件夹

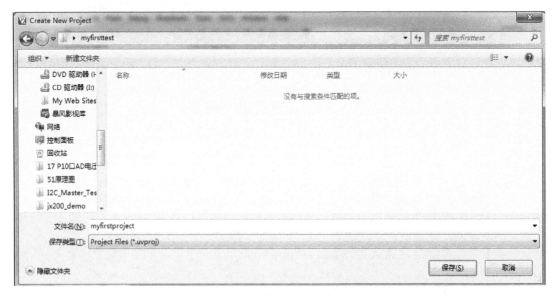

图 2-5　指定工程名称

此时，弹出如图 2-6 所示窗口，要求选择合适的 CPU 型号，这里我们选用 Atmel 公司的 AT89C51。

单击"OK"后系统弹出如图 2-7 所示对话框，询问是否复制 startup 文件到工程目录，选择"是"。

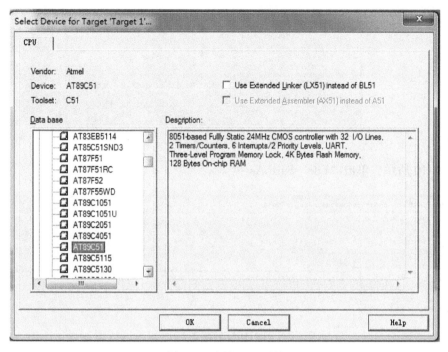

图 2-6　选择 CPU 型号

图 2-7　复制 startup 文件

单击工程窗口中的 Target1 左侧的 " + "，可以看到图 2-8 界面，表明 startup 文件已经复制到工程目录下。

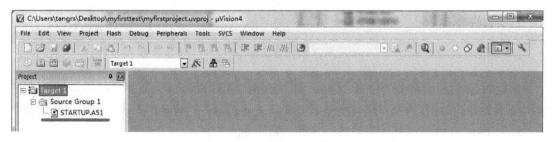

图 2-8　startup 文件

如图 2-9 所示，单击 "File – New…"，新建程序文件。

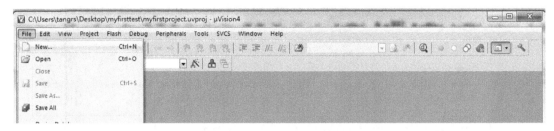

图2-9　新建程序文件

如图2-10所示，单击"File – Save As…"。

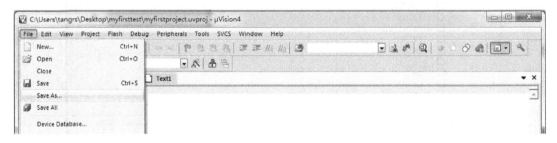

图2-10　另存文件

在弹出的对话框中输入文件名，注意扩展名为".c"或".h"，否则不能进行语法检查。此处输入"myprogram.c"，如图2-11所示，单击"保存"。

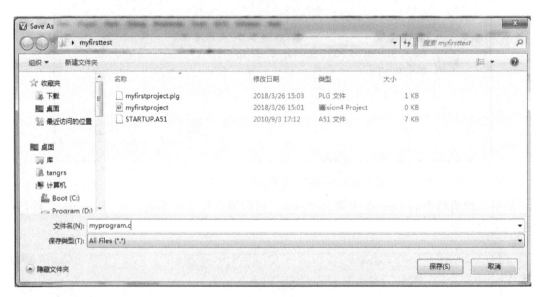

图2-11　指定程序文件名

如图2-12所示，右击"Source Group 1"，选择"Add Files to Group 'Source Group 1'…"弹出如图2-13所示对话框，选择刚刚新建的myprogram.c，单击"Add"按钮，将文件加入。此时myprogram.c文件才能被统一管理、编译等。

项目窗口出现myprogram.c，如图2-14所示，表明该文件已经成功加入，单击"Close"按钮关闭对话框。

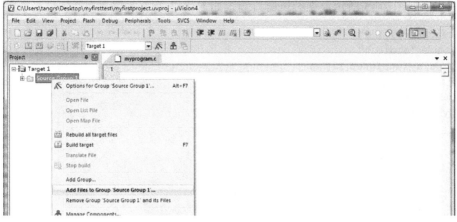

图 2-12 在工程中添加文件

图 2-13 将程序文件加入工程

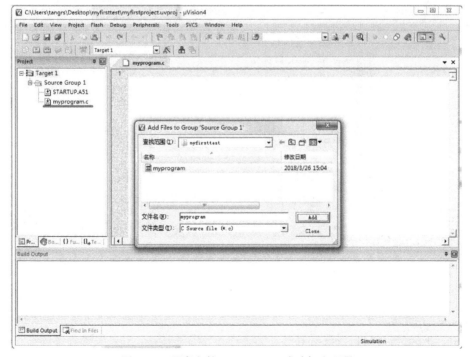

图 2-14 程序文件 myprogram. c 成功加入工程

第三步，如图2-15所示，在编辑窗口输入如下代码：

```c
#include "reg51.h"
#include "stdio.h"
void delay(unsigned int z)
{
    unsigned char y;
    while(z--)
    {
        y=100;
        while(y--);
    }
}
void UART_Init()
{
        SCON=0x52;      //TI 必须设置为1,否则程序会死机
        TMOD=0x20;
        PCON=PCON&0x7f;
        TH1=-3;         //波特率为9600bit/s
        TL1=-3;
        TR1=1;
        EA=1;
        ES=1;
}
void main()
{
```

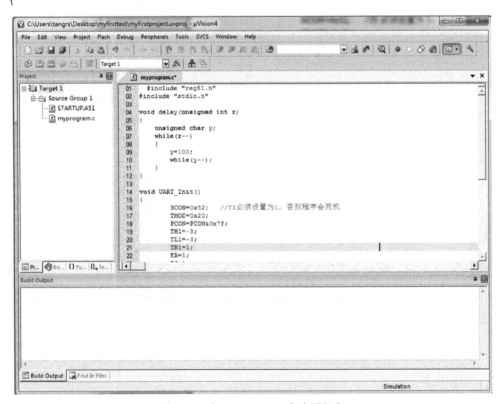

图2-15 在myprogram. c 中编写程序

```
    int x,sum,i;
    UART_Init();
    while(1)
{
        printf("Please Input a Number:");
        scanf("% d",&x);
        sum=0;
        for(i=1;i<=x;i++)
            sum+=i;
        printf("1+2+3+...+% d=% d\n",x,sum);
        delay(100);
    }
}
```

第四步，在如图 2-16 所示的"选项配置"界面，右击"Target1"，单击"Options for Target 'Target1'…"弹出如图 2-17 所示的"目标代码选项设置"对话框。

图 2-16　选项配置

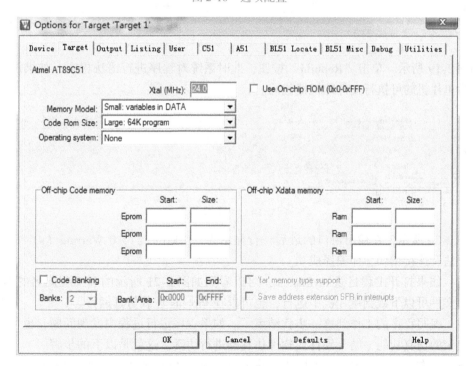

图 2-17　目标代码选项设置

选择"Output"选项卡,如图2-18所示,勾选"Create HEX File",要求系统编译时生产可执行文件即机器代码,其扩展名为".hex"。注意,这不同于windows系统的可执行文件扩展名。

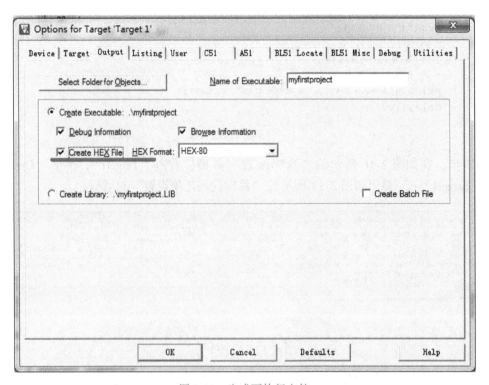

图2-18 生成可执行文件

如图2-19所示,单击"Rebuild"按钮,此时系统对程序进行语法检查,如果没有问题则转化为单片机的可执行文件即机器代码。

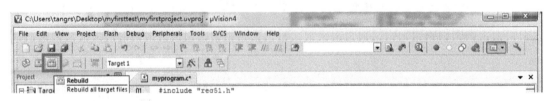

图2-19 编译程序

如图2-20所示,在输出窗口的最后一行显示为"0 Error(s),0 Warring(s).",表明程序无语法及连接错误,即编译成功。

此时,如果打开工程目录myfirsttest,可以看到如图2-21所示的和工程同名的HEX文件。这个文件可以下载到单片机中运行,也可以在Proteus加载仿真运行。

通常,编写程序的工作到这一步就结束了。如果程序运行过程中发现问题,也可以利用编译器自带的仿真功能,结合硬件或软件仿真器进行仿真。这就是以下的步骤。

第五步,右击"Target1",单击"Options for Target 'Target1'…"弹出如图2-22所示对话框。

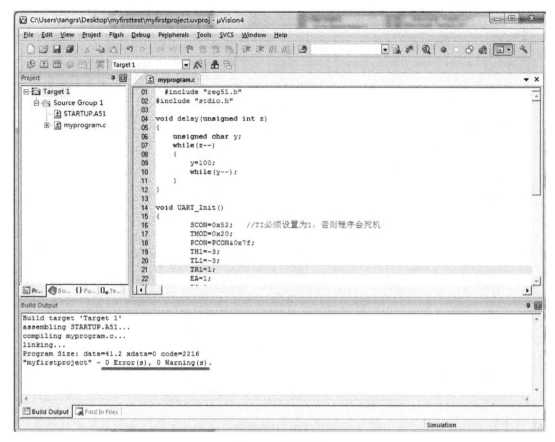

图 2-20　编译成功

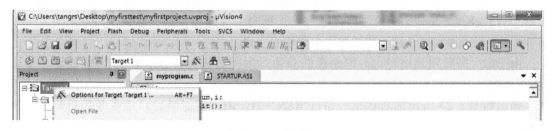

图 2-21　生成的可执行文件

图 2-22　选项配置

　　单击"Debug"打开如图 2-23 所示选项卡。本次我们将使用软件仿真器，因此单击左上的"Use Simulator"，并确认"Load Application at Startup"和"Run to main()"的左侧复选框为勾选状态。如果需要使用硬件仿真器，就必须在右侧设置。

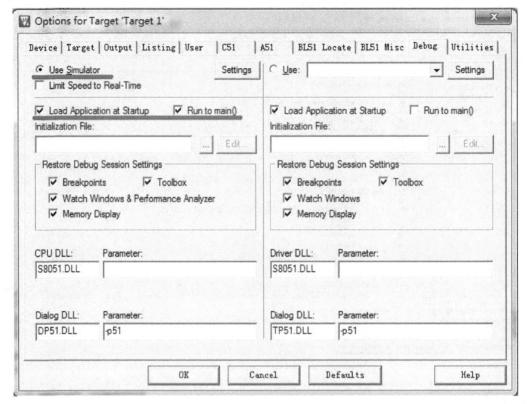

图 2-23 仿真设置

单击"Debug – Start/Stop Debug Session",如图 2-24 所示。

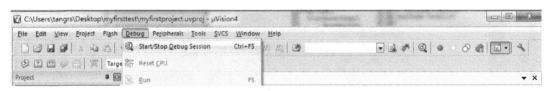

图 2-24 进入 Debug 界面

此时用户界面如图 2-25 所示。其中 1 为寄存器信息窗口;2 为反汇编窗口,用于将机器语言转换为汇编语言;3 为源程序窗口,我们编写的程序将会在此出现;4 为命令窗口;5 为变量观察窗口,用于监视程序中变量的变化。

由于本次需要用到串行口,因此我们必须对串行口进行设置。如图 2-26 所示,单击"Peripherals – Serial"。

弹出如图 2-27 所示的对话框,勾选 REN、TI、RI,使能串行口接受及串行口收、发中断。

如图 2-28 所示,单击"View – SerialWindows – Uart#1",激活串行口 1 监视窗口,此时在界面下方出现 Uart#1 窗口,如图 2-29 所示。

如图 2-30 所示,单击"Debug – Run",在仿真环境运行程序。此时我们可以观察各种变量,查找可能的错误。

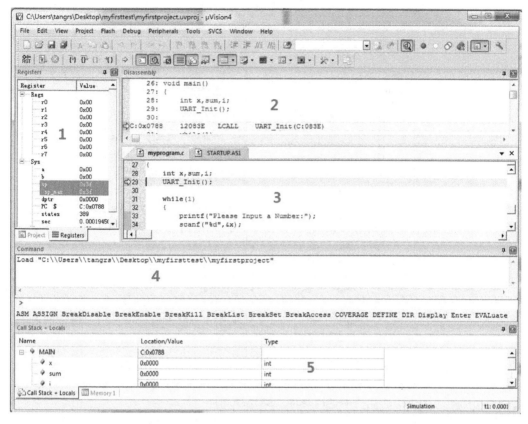

图 2-25　Debug 用户界面（一）

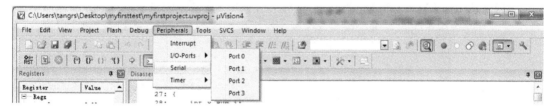

图 2-26　外围设备配置

图 2-27　Debug 用户界面（二）

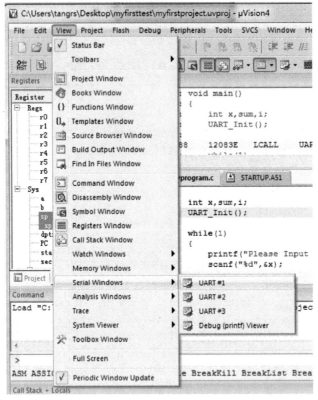

图 2-28　选择监视窗口

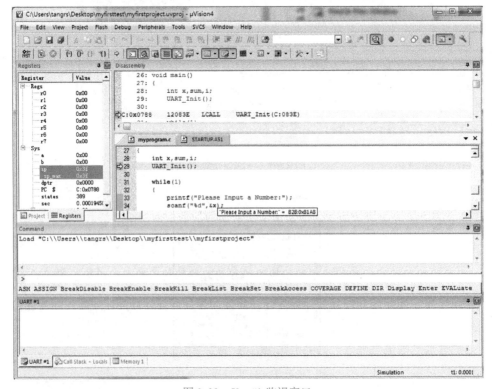

图 2-29　Uart#1 监视窗口

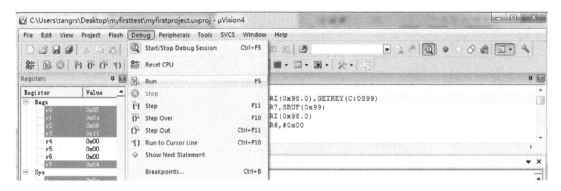

图 2-30 仿真运行

此时在 Uart#1 窗口，可以看到输出"Please Input a Number："，如图 2-31 所示，单击 Uart#1 窗口的空白部分，输入一个数字，如 5，并单击"Enter"键确认，如图 2-32 所示。可以看到窗口输出 $1+2+3+\cdots+5=15$。可以验证结果是正确的。显然程序无问题。

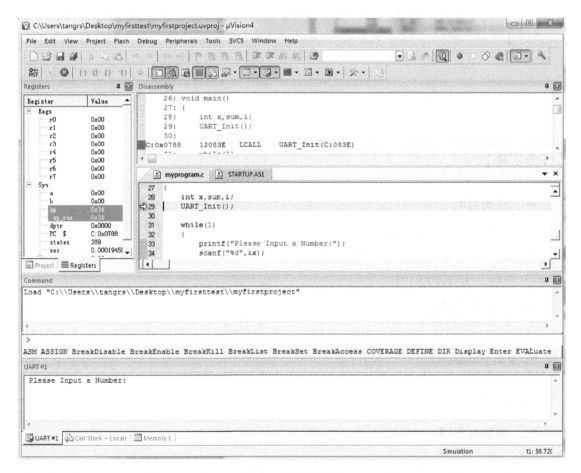

图 2-31 串行口输出

当然实际的 Debug 过程会很困难，步骤也更加复杂。这需要读者多加练习和思考。

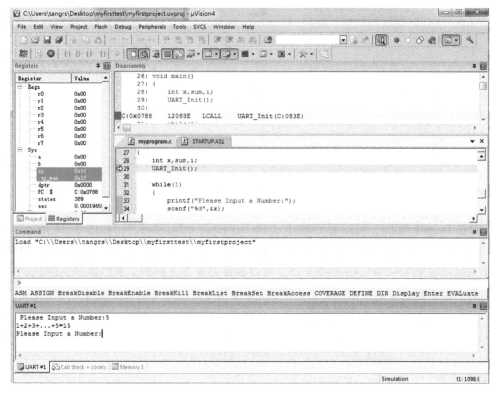

图 2-32　串行口输入

【任务实施】

一、任务目的

1）掌握单片机程序的结构。

2）掌握单片机常用头文件的使用方法。

3）掌握单片机程序的调试方法。

二、软件及元器件

1）STC – ISP 下载软件。

2）Keil μVision 4。

3）下载线。

4）单片机实验板。

三、内容与步骤

1）编写一个计算 $\sum\limits_{i=0}^{n} i$ 的单片机程序，要求通过串行口接收数据 n，并通过串行口打印结果。

2）将程序下载到实验板中。

3）验证程序功能。

【任务评价】

1. 分组汇报通过串行口控制单片机程序设计过程，通电演示电路功能，并回答相关问题。
2. 填写任务评价表，见表2-4。

表2-4 任务评价表

	评价内容	评价标准	分值	学生自评	小组互评	教师评价
知识目标	单片机程序结构	掌握单片机程序结构				
	认识单片机常用头文件	掌握单片机常用头文件的使用方法				
	熟悉单片机程序的编写过程	掌握单片机程序的编写流程				
	熟悉程序的调试方法	掌握程序调试的基本方法				
技能目标	能够完成单片机程序的编写	掌握单片机程序编写的基本方法				
	安全操作	安全用电、遵守规章制度				
	现场管理	按企业要求进行现场管理				

【任务总结】

通过一个简单的串行口程序，理解单片机程序和普通 C 语言程序结构、头文件的不同。掌握单片机程序的调试方法，为开发复杂的程序做好知识准备。

任务二 点亮一个 LED

【任务导入】

在掌握了单片机程序的结构及调试方法之后，我们可以编写一个简单的程序，以实现单片机一个最简单的功能——单个 I/O 口控制。

【任务分析】

使用 Keil 软件编写程序，使用 Proteus 画出电路图并仿真，点亮一个 LED。

【知识链接】

一、用单片机仿真软件 Proteus 绘制的跑马灯原理图

Proteus ISIS 是英国 Labcenter 公司开发的电路分析与仿真软件，它运行于 Windows 操作系统上，可以仿真、分析（SPICE）各种模拟器件和集成电路。该软件的特点是：①实现了单片机仿真和 SPICE 电路仿真相结合。具有模拟电路仿真、数字电路仿真、单片机及其外

围电路组成的系统的仿真、RS232 动态仿真、I2C 调试器、SPI 调试器、键盘和 LCD 系统仿真的功能；有各种虚拟仪器，如示波器、逻辑分析仪、信号发生器等。②支持主流单片机系统的仿真。目前支持的单片机类型有：68000 系列、8051 系列、AVR 系列、PIC12 系列、PIC16 系列、PIC18 系列、Z80 系列、HC11 系列以及各种外围芯片。③提供软件调试功能。在硬件仿真系统中具有全速、单步、设置断点等调试功能，同时可以观察各个变量、寄存器等的当前状态，因此在该软件仿真系统中，也必须具有这些功能；同时支持第三方的软件编译和调试环境，如 Keil C51 μVision2 等软件。④具有强大的原理图绘制功能。总之，该软件是一款集单片机和 SPICE 分析于一身的仿真软件，功能极其强大。

1. 进入 Proteus ISIS

Proteus 启动界面如图 2-33 所示。

2. 工作界面

Proteus ISIS 的工作界面是一种标准的 Windows 界面，如图 2-34 所示。包括：标题栏、主菜单、标准工具栏、绘图工具栏、状态栏、对象选择按钮、预览对象方位控制按钮、仿真进程控制按钮、预览窗口、对象选择器窗口及图形编辑窗口。

图 2-33　Proteus 启动界面

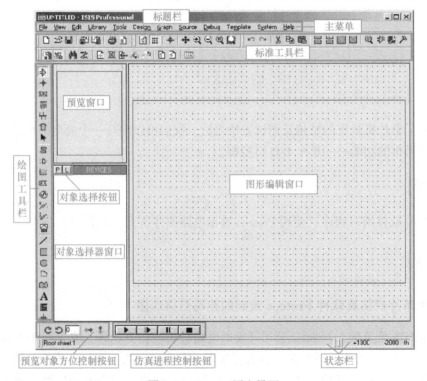

图 2-34　Proteus 用户界面

3. 跑马灯原理图的绘制

如图 2-35 所示，8 个发光二极管采用共阳极接法，各阳极接限流电阻排到 VCC 端，阴极接单片机的 P2 口。因是共阳极接法，要使各 LED 点亮，P2 口必须输出低电平，如：要使 VL20 亮，则需 P2.0 = 0 即 P2 = 0XFE。

在 Proteus 中绘制原理图可以通过以下几个步骤完成：

第一步，元件选择。

本步骤是将所需元器件加入到对象选择器窗口。单击对象选择器按钮 P，如图 2-36 所示。

弹出 "Pick Devices" 页面，在 "Keywords" 输入 "AT89C51"，系统在对象库中进行搜索查找，并将搜索结果显示在 "Results" 窗口中，如图 2-37 所示。

在 "Results" 窗口中的列表项中，双击 "AT89C51"，则可将 "AT89C51" 添加至对象选择器窗口。

接着在 "Keywords" 栏中重新输入 "LED"，则可将 "LED – RED" 添加至对象选择器窗口，如图 2-38 所示。

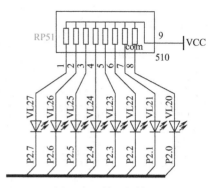

图 2-35 共阳极接法

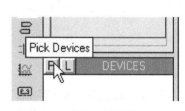

图 2-36 单击对象选择器按钮

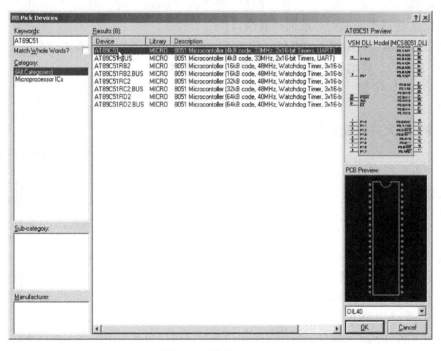

图 2-37 搜索 AT89C51

然后，在 "Keywords" 栏中重新输入 RES，选中 "Match Whole Words"。在 "Results" 窗口中获得与 RES 完全匹配的搜索结果。双击 "RES"，则可将 "RES"（电阻）添加至对象选择器窗口。

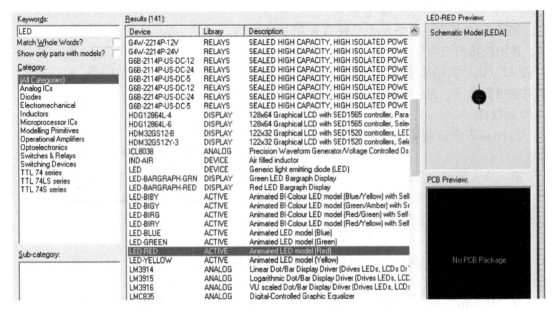

图 2-38　搜索 LED

同样，我们在"KeyWords"栏中输入"CAP"并单击"Enter"键，双击"Results"窗口中的"CAP"，将电容添加到对象选择器窗口。

在"KeyWords"栏中输入"CRYSTAL"并单击"Enter"键，双击"Results"窗口中的"CRYSTAL"，将晶振添加到对象选择器窗口。

在"KeyWords"栏中输入"CAP－ELEC"并单击"Enter"键，双击"Results"窗口中的"CAP－ELEC"，将电解电容添加到对象选择器窗口。

单击"OK"按钮，结束对象选择。

第二步，将元件放置到图形编辑区。

右击对象选择窗口中的器件，将鼠标移动到图形编辑窗口合适的位置，按小键盘上的"＋"或"－"键可以旋转元器件，按"CTR＋M"可以水平翻转元件，单击鼠标左键，即可把元件放置到图形编辑区。双击元件可以修改参数值。如图 2-39 所示，输入 $22\mu F$，可以将电容容量修改为 $22\mu F$。

依次在图形工作区中按需放入 AT89C51、电阻、电容、

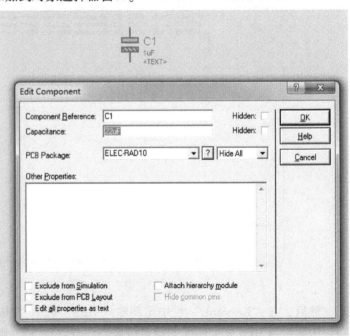

图 2-39　修改电容容量

晶振、发光二极管，并修改其参数。

第三步，放置电源端和接地端。

如图 2-40 所示。单击左侧边栏中的"Terminals Mode"按钮，界面切换如图 2-41 所示。选择"POWER"和"GROUND"，将它们放置到图形编辑区。

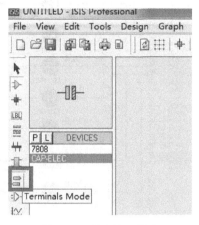

图 2-40　进入端口模式

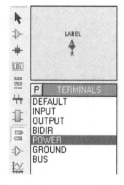

图 2-41　放置电源、接地端

双击电源端，单击"String"下拉列表，选择"VCC"。双击接地端，单击"String"下拉列表，选择"GND"，如图 2-42 和图 2-43 所示。

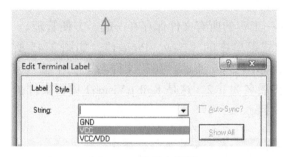

图 2-42　设置电源端

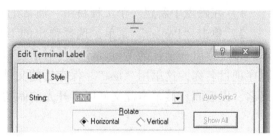

图 2-43　设置接地端

第四步，连线。

如图 2-44 所示，将元件连接成电路图。

二、在 Keil C 软件中编写程序

随着单片机技术的不断发展，以单片机 C 语言为主流的高级语言也不断被更多的单片机爱好者和工程师所喜爱。使用 C51 肯定要使用到编译器，以便把写好的 C 程序编译为机器码，这样单片机才能执行编写好的程序。KEIL μVision2 是众多单片机应用开发软件中最优秀的软件之一，它支持众多不同公司的 MCS – 51 架构的芯片，它集编辑、编译、仿真等于一体，同时还支持 PLM、汇编和 C 语言的程序设计，它的界面和常用的微软 VC++的界面相似，界面友好，易学易用，在调试程序、软件仿真方面也有很强大的功能。

要使用 Keil C51 软件，必需先要安装它，这也是学习单片机编程语言所要求的第一步——

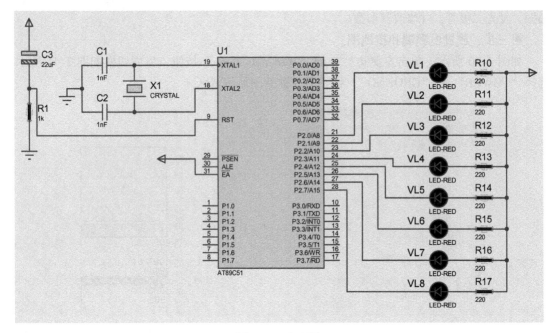

图 2-44　电路图

建立编译环境。Keil C51 是一个商业软件，可以到 http://www.zlgmcu.com 网站下载或到网上搜索下载，按照提示安装。

我们可以按下面的步骤建立一个工程（Project）：

1）在磁盘中新建一个工程目录，通常把同一工程的所有文件保存在一起，方便管理。

2）单击"Project"菜单，选择弹出的下拉式菜单中的"New　Project"，如图 2-45 所示。接着弹出一个标准 Windows 文件对话窗口，如图 2-46 所示。在"文件名"栏中输入 C 程序项目名称，这里用"test"。保存后的文件扩展名为 uv2，这是 Keil μVision2 项目文件扩展名，以后能直接单击此文件以打开先前做的项目。

图 2-45　New Project 菜单

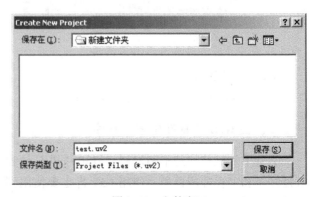

图 2-46　文件窗口

3）选择所要的单片机，这里选择常用的 Ateml 公司的 AT89C51，此时屏幕如图 2-47 所示。屏幕右侧"Description"区会显示选定 CPU 的功能、特点。单击"确定"按钮后，进入启动文件复制界面，如图 2-48 所示。

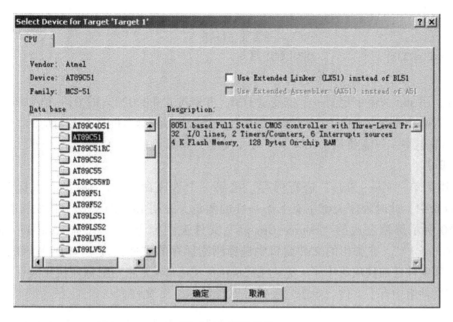

图 2-47 选取芯片

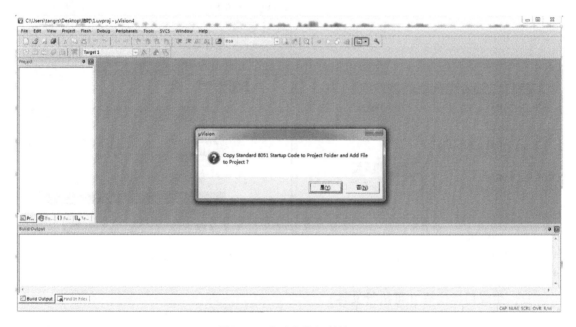

图 2-48 启动文件复制界面

单击"是"按钮后进入 Keil 编译系统。

4）新建一个程序文件。在这里我们介绍如何新建一个 C 程序。单击图 2-49 中的新建文件的快捷按钮或菜单"File – New"，此时出现一个新的文字编辑窗口，我们可以输入如下程序。

```
#include < reg52.h >     //52 系列头文件
sbit D20 = P2^0;         //声明单片机 P2 口的第一位
void main ()             //主函数
```

```
{
    D20 = 0;                   //点亮第一个发光二极管
    while(1);                  //防止程序跑飞
}
```

此处，用 sbit 关键字定义一个位变量 D20，并通过"sbit D20 = P2^0;"语句将这个位变量分配在特殊功能寄存器的 P2 的最低位 P2.0，而 P2.0 是和硬件 P2.0 相对应的。以后要使 P2.0 输出高电平，只需要用 D20 = 1 即可；反之，如果要使 P2.0 输出低电平，只需要用 D20 = 0 即可。

5）用菜单"File—Save"进行保存。把第一个程序命名为"test1.c"，保存在项目所在的目录中，此时程序关键字有了不一样的颜色，表明 Keil 的 C 语言语法检查生效了。在图 2-50 所示屏幕左边的"Source Group1"文件夹图标上右击，选"Add File to Group 'Source Group 1'"，在弹出的文件窗口中选择刚刚保存的文件，按"ADD"按钮，关闭文件窗，程序文件已加到项目中了。这时在 Source Group1 文件夹图标左边出现了一个小 + 号，说明文件组中有了文件，单击它展开可以看到 test1.c 文件。

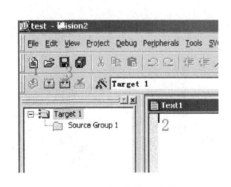

图 2-49　新建程序文件

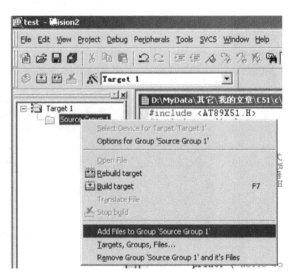

图 2-50　把文件加入到项目文件组中

三、生成目标代码（可执行文件）

1）在工程窗口右击"Target1"，单击"Options for Target 'Target1'…"，在弹出的对话框中选择"Output"选项卡，勾选"Create HEX File"，如图 2-51 所示。HEX 文件格式是 Intel 公司提出的按地址排列的数据信息，数据宽度为字节，所有数据使用 16 进制数字表示，常用来保存单片机或其他处理器的目标程序代码。

2）如图 2-52 所示，图中 1、2、3 都是编译按钮，1 用于编译单个文件；2 用于编译链接当前项目，如果先前编译过一次之后文件没有做改动，这个时候再单击是不会再次重新编译的；3 用于重新编译，每单击一次均会再次编译链接一次，不管程序是否有改动。在 3 右边的是停止编译按钮，只有单击了前三个中的任一个，停止按钮才会生效。5 是对应的菜单命令。4 为编译输出窗口，在该窗口能看到编译的错误信息和使用的系统资源情况等。6 是开启 \ 关闭调试模式的按钮，它也存在于菜单 "Debug—Start \ Stop Debug Session"，快捷键为 "Ctrl + F5"。

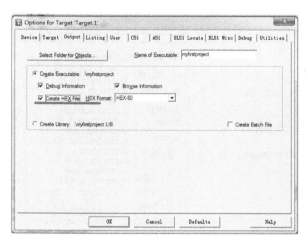

图 2-51　勾选生成可执行文件

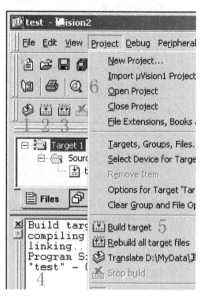

图 2-52　编译

3）进入调试模式，软件窗口样式大致如图 2-53 所示。图中 1 为运行，当程序处于停止状态时才有效，2 为停止，程序处于运行状态时才有效。3 是复位，回到程序首句执行。

四、STC - ISP 下载软件的使用

1）安装 USB 驱动。

双击运行 "CH340.exe"，单击安装，按照提示逐步完成 USB 转串行口驱动的安装。

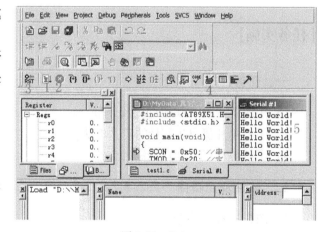

图 2-53　Debug

2）用下载线连接实验板和电脑。

先把 USB 下载线 9 针 D 型插头连接到实验板的串行口上，然后把 USB 下载线的 USB 端口插入电脑的 USB 端口。注意次序，防止损坏电脑或实验板。

3）运行 STC - ISP 软件，下载程序。

STC - ISP 用户界面如图 2-54 所示。单片机型号根据实验板上使用的 STC89C52RC/LE52RC 选择，注意不要选错，否则可能无法下载。如图 2-55 所示，单击打开程序文件，选择本工程产生的目标代码 test1.hex，单击下载，然后开关电源一次，完成下载。

51单片机项目化教程

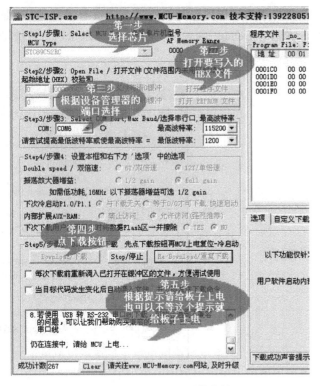

图 2-54　STC - ISP 下载软件

图 2-55　CPU 选择

【任务实施】

一、任务目的

1）了解单片机 I/O 的类型及分布。

2）了解单片机 sbit 变量的定义方法。

3）了解单片机 I/O 口控制的方法。

二、软件及元器件

1）STC - ISP 下载软件。

2）Keil μVision 4。

3）下载线。

4）单片机实验板。

三、内容与步骤

1）在 Proteus 中绘制原理图，如图 2-44 所示。

2）在 KeilμVision 4 中编写程序，实现对 P2.0 端口的控制以点亮 LED1。

3）在 Proteus 中完成程序的仿真运行。

4）将程序下载到实验板中，验证程序的功能。

60

【任务评价】

1）分组汇报单片机 I/O 口控制的程序设计过程，通电演示电路功能，并回答相关问题。

2）任务评价表，见表 2-5。

表 2-5　任务评价表

	评价内容	评价标准	分值	学生自评	小组互评	教师评价
知识目标	单片机程序结构	掌握单片机程序结构				
	了解单片机 I/O 口控制的方法	掌握单片机 I/O 口的控制方法				
	熟悉单片机程序的编写过程	掌握单片机程序的编写流程				
	熟悉程序的调试方法	掌握程序调试的基本方法				
技能目标	能够编写程序完成单片机 I/O 口控制	掌握单片机 I/O 口控制方法				
	安全操作	安全用电、遵守规章制度				
	现场管理	按企业要求进行现场管理				

【任务总结】

通过一个简单的程序，我们实现了对单片机单个 I/O 口的控制。在后续课程里，我们将会进一步讨论如何实现对多个 I/O 口的控制。

思考与练习

1）编写程序点亮任意一个 LED。
2）编写程序同时点亮 8 个 LED。

拓展任务

1. 蜂鸣器报警

关于蜂鸣器的相关介绍参见图 1-21 及相关内容，蜂鸣器仿真电路如图 2-56 所示。程序如下：

```
//头文件:
#include "reg51.h"
//I/O引脚定义:
sbit SPK = P1^5;      //引脚定义,类似于起名字
                      //用 SPK 来代替 P1.5 控制蜂鸣器工作
//主函数,C语言的入口函数:
void main(void)
```

```
{
    SPK = 0;        //P1.5引脚控制晶体管再由晶体管控制蜂鸣器,输出0晶体管导通蜂鸣器得
                    //电,输出1晶体管截止蜂鸣器失电
    while(1){}      //主程序循环,即程序要停止在这里,很多初学者忘记了这点,只输入了上面
                    //一行,结果程序跑飞,找不出问题
}
```

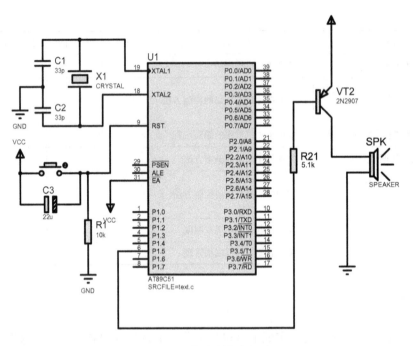

图 2-56　蜂鸣器仿真电路

2. 继电器

继电器相关知识请参考图 1-22 及相关内容,继电器仿真电路如图 2-57 所示。程序如下:

```
//头文件:
#include "reg51.h"
//I/O引脚定义:
sbit JDQ = P1^4;        //引脚定义 类似于起名字
                        //用 JDQ 来代替 P1.4 控制继电器工作
//主函数,C语言的入口函数:
void main(void)
{
    JDQ = 0;            //P1.4引脚控制晶体管再由晶体管控制继电器,
                        //输出0晶体管导通继电器得电吸合,输出1晶体管截止继电器失电断开
    while(1){}          //主程序循环,即程序要停止在这里,很多初学者忘记了这点,只输入了上面
                        //一行,结果程序跑飞,找不出问题
}
```

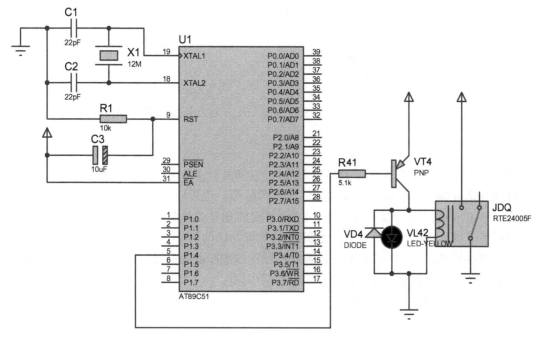

图 2-57　继电器仿真电路

任务三　闪烁灯设计

【任务导入】

上一任务中已经实现了点亮一个 LED，那么如何让发光二极管闪烁起来？这是本任务需要解决的问题。

【任务分析】

使用 Keil 软件编写程序，使 LED 按亮 500ms 灭 500ms 的要求闪烁。

【知识链接】

一、C 语言程序设计

1. While 语句

While（表达式）

｛语句（内部也可为空）｝

说明：判断表达式是否为真，若为真，执行花括号中语句，否则跳出 while 循环。C 语言中规定若表达式不为 0 即为真。

【例2-9】使用 "while(1);" 语句让程序停止在某处。

```
#include < reg52.h >      //52 系列头文件
void main()               //主函数
{
    P2 = 0xfe;
    while(1);             //小括号中为永真表达式,while 后为空语句,即不执行任何语句,
                          //无限循环
}
```

说明:P2 口是一个特殊功能寄存器(SFR),它和并行 I/O 口 P2 相对应。我们可以通过给特殊功能寄存器 P2 赋值的方法控制 P2 口引脚状态,也可以通过读特殊功能寄存器 P2 的方法,了解 P2 口引脚的状态。事实上,51 单片机的 SFR 地址如果可以被 8 整除,那么该 SFR 既可以字节寻址,也可以位寻址。本例就是字节寻址的例子。51 单片机与 I/O 口相关的特殊功能寄存器 Pn(n = 0 ~ 3)都可以被 8 整除,这意味着我们可以采用字节寻址的方法一次控制若干位,也可以采用位寻址的方式控制某一位。

【例2-9】可以写成另外一种形式。

```
#include < reg52.h >      //52 系列头文件
void main()               //主函数
{
    while(1)
    {
        P2 = 0xfe;
    }
}
```

当 while() 内部只有一条语句时,可以省去大括号,直接将这条语句跟在它后面。即写成如下样式:

```
#include < reg52.h >      //52 系列头文件
void main()               //主函数
{
    while(1)
        P2 = 0xfe;
}
```

2. for 语句及简单延时语句

for (表达式 1;表达式 2;表达式 3)

{语句(内部可为空)}

执行过程:

1)求解表达式 1。

2)求解表达式 2,若其值为真(非 0 即为真),则执行 for 后花括号中语句。然后执行第 3)步。否则结束 for 语句,直接跳出,不再执行第 3)步。

3)求解表达式 3。

4)跳到第 2)步重复执行。

【例2-10】 延时语句。

1）unsigned int i；

```
for(i=3000;i>0;i--);
```

2）for 语句嵌套，以获得更长的延时。

```
unsigned char i,j;
for(i=100;i>0;i--)
    for(j=200;j>0;j--);
```

3. 使用简单延时语句实现发光二极管闪烁

```
#include<reg52.h>        //52 系列头文件
sbit led1=P2^0;
unsigned int i,j;
void  main()             /* 主函数名* /
{
    while(1)
    {
        led1=0;
        for(i=1000;i>0;i--)
            for(j=120;j>0;j--);
        led1=1;
        for(i=1000;i>0;i--)
            for(j=120;j>0;j--);
    }
}
```

4. 使用不带参数函数实现发光二极管闪烁

1）延时函数的写法：

```
void delay()
{
    unsigned int i,j;
    for(i=500;i>0;i--)
        for(j=120;j>0;j--);
}
```

【例2-11】 让发光二极管以亮500ms 灭500ms 的周期闪烁。

```
#include<reg52.h>   //52 系列头文件
sbit led1=P2^0;
void delay1s();
void delay()
{
    unsigned int i,j;
    for(i=500;i>0;i--)
        for(j=120;j>0;j--);
}
void  main()                /* 主函数名* /
{
    while(1)
```

```
    {
        led1 =0;
        delay();
        led1 =1;
        delay();
    }
}
```

5. 使用带参数函数实现发光二极管闪烁

```
void delay(unsigned int xms)
{
    unsigned int i,j;
    for(i =xms;i >0;i--)
        for(j =110;j >0;j--);
}
```

【例2-12】 编写程序，让 Led1 以 1s 周期闪烁，每周期点亮 200ms，熄灭 800ms。

```
#include <reg52.h>    //52 系列头文件
sbit led1 = P2^0;
void delay (unsigned int);
void   main()                   /* 主函数名* /
{
    while(1)
    {
        led1 =0;
        delay (200);
         led1 =1;
        delay (800);
    }
}
void delay(unsigned intxms)
{
    unsigned int i,j;
    for(i =xms;i >0;i--)
        for(j =120;j >0;j--);
}
```

二、利用 STC‐ISP 辅助生成精确延时子函数

不同于汇编语言，在 C 语言中编写精确的延时函数是一个非常棘手的问题。在实践中多采用以下三种方法：一是采用实验法，即先编写一段 C 延时程序，再用秒表来测试，根据测试结果修改源程序；二是先编写一段 C 延时程序，然后将其反汇编为汇编语言，再进行比较精确的估算；三是在 C 程序中直接嵌入汇编程序。第一种方法费时费力，第二种和第三种方法对程序员要求较高。

STC 在 STC‐ISP 软件中集成了精确延时函数生成工具。如图 2-58 所示，单击"软件延时计算器"选项卡，根据硬件选择系统频率及定时长度，单击"生成 C 代码"，即可生成精确延时函数，单击"复制代码"按钮，将其复制到剪切板，然后可以将代码粘贴到自己的程序中。

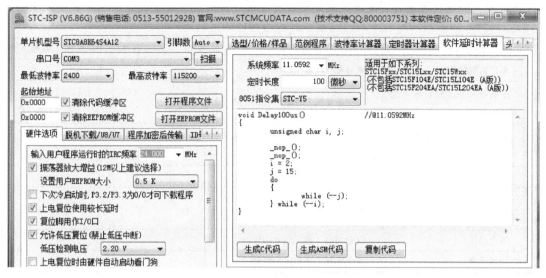

图 2-58　生成精确延时子函数

【任务实施】

一、任务目的

1) 了解单片机 I/O 的类型及分布。
2) 掌握单片机软件定时程序的编写方法。
3) 掌握利用 STC‑ISP 实现精确定时的方法。
4) 掌握 Keil C 语言子程序的编写及调用方法。

二、软件及元器件

1) STC‑ISP 下载软件。
2) Keil μVision 4。
3) 下载线。
4) 单片机实验板。

三、内容与步骤

1) 在 proteus 中如图 2-44 所示绘制原理图。
2) 利用 STC‑ISP 生成 500ms 延时子程序。
3) 将 500ms 延时子程序插入自己的程序中以实现 LED 的闪烁。
4) 在 Proteus 中进行仿真。
5) 将程序下载到实验板完成验证。

【任务评价】

1) 分组汇报实现闪烁灯程序的设计过程，通电演示电路功能，并回答相关问题。

2）填写任务评价表，见表2-6。

表 2-6　任务评价表

	评价内容	评价标准	分值	学生自评	小组互评	教师评价
知识目标	单片机程序结构	掌握单片机程序结构				
	了解单片机 I/O 口控制的方法	掌握单片机 I/O 口的控制方法				
	熟悉单片机延时子程序的编写过程	掌握单片机延时子程序的编写流程				
	熟悉程序的调试方法	掌握程序调试的基本方法				
技能目标	能够编写程序完成单片机 I/O 口控制	掌握单片机 I/O 口控制方法				
	安全操作	安全用电、遵守规章制度				
	现场管理	按企业要求进行现场管理				

【任务总结】

通过一个简单的程序，我们实现了 LED 的闪烁显示。在后续课程里，我们将会进一步讨论如何实现对多个 I/O 的控制。

思考与练习

1. 让 8 个 LED VL1～VL8 以 1s 时间间隔做周期性全亮全灭实验。
2. 让 8 个 LED 以 0.2s 的时间间隔从左向右依次点亮，然后重复实现。
3. 让 8 个 LED 以 0.2s 的时间间隔做二进制加法。

任务四　流水灯设计

【任务导入】

在上一个任务中，我们实现了对单个 LED 的控制。本任务将讨论如何同时控制多个发光二极管。

【任务分析】

使用 Keil 软件编写程序，使得同一端口的 LED 按照指定的方式闪烁。

【知识链接】

一、C 语言的位操作

C 语言提供了 6 种位运算符，其功能见表2-7。

表 2-7　C 语言位运算

序　号	位运算符	功　能
1	&	按位与
2	|	按位或
3	^	按位异或
4	~	取反
5	<<	左移
6	>>	右移

1. 按位与 &

"&" 的功能是将参与运算的两个操作数各对应的二进制位相与。

与运算可以用表 2-8 所示的真值表表示。

表 2-8　与运算真值表

操作数 1	操作数 2	运 算 结 果
0	0	0
1	1	1
1	0	0
0	1	0

【例 2-13】 与运算 C 语言程序。

```
unsigned char a,bs,c;
a =0x55;              //二进制 01010101B
b =0xa6;              //二进制 10100110B
c =a&b;
```

根据定义：

$$c = a\&b = \begin{array}{r} 01010101 \\ \&\ 10100110 \\ \hline =\ 00000100 \end{array}$$

即 c =0x04。

2. 按位或 |

"|" 的功能是将参与运算的两个操作数各对应的二进制位相或。

或运算可以用表 2-9 所示的真值表表示。

表 2-9　或运算真值表

操作数 1	操作数 2	运 算 结 果
0	0	0
1	1	1
1	0	1
0	1	1

【例 2-14】或运算 C 语言程序。

```
unsigned char a,bs,c;
a = 0x55;                 //二进制 01010101B
b = 0xa6;                 //二进制 10100110B
c = a | b;
```

根据定义：

$$
\begin{array}{r}
01010101 \\
c = a|b = \underline{\mathord{|}\ 10100110} \\
= 11110111
\end{array}
$$

即 c = 0xf7。

3. 按位异或 ^

"^" 的功能是将参与运算的两个操作数各对应的二进制位相异或。

异或运算可以用表 2-10 所示的真值表表示。

表 2-10　异或运算真值表

操作数 1	操作数 2	运 算 结 果
0	0	0
1	1	0
1	0	1
0	1	1

【例 2-15】异或运算 C 语言程序。

```
unsigned char a,bs,c;
a = 0x55;                 //二进制 01010101B
b = 0xa6;                 //二进制 10100110B
c = a^b;
```

根据定义：

$$
\begin{array}{r}
01010101 \\
c = a\hat{\ }b = \underline{\mathord{\char`^}\ 10100110} \\
= 11110011
\end{array}
$$

即 c = 0xf3。

4. 按位取反 ~

" ~ " 是一个单目运算符，其功能是将参与运算的操作数逐位取反。

取反运算可以用表 2-11 所示的真值表表示。

表 2-11　取反运算真值表

操作数 1	运 算 结 果
0	1
1	0

【例 2-16】取反运算 C 语言程序。

```
unsigned char a = 0x55;  //二进制 01010101B
```

```
c = ~a;
```
根据定义:
```
c = 10101010B
```
即 c = 0xaa。

5. 移位运算 >> 和 <<

移位运算是将被操作数右移或左移若干位,同时在其左端或右端补 0 以代替移走的位。移位运算的基本语法如下:

```
SourceByte >> number
SourceByte << number
```

其中 SourceByte 为源数据,number 为移位位数。

【例 2-17】移位运算 C 语言程序。

```
unsigned char a, b = 0xfe;
b = >> 1;
a = b << 1;
```

0xfe 转化为二进制为 11111110B,左移 1 位,结果是 11111100B,故 a = 0xfc;0xfe 右移 1 位,结果是 01111111B,因此 b = 0x7f。

二、C 程序设计

通常实现流水灯的方法有三种:一是查表法;二是逻辑运算法;三是采用 Keil C51 自带的库函数。

1. 查表法

所谓查表法,就是把一些控制指令制成一个表放在一维数组中,然后程序根据用户设定的编号从数组中一一取出控制指令并赋值给 I/O 端口,这就是查表操作。

```
#include "reg51.h"
unsigned char code table[] = {0xfe,0xfd,0xfb,0xf7, 0xef, 0xdf, 0xbf, 0x7f };
void delay()
{
    unsigned int a;
    for(a = 0;a < 40000;a++);
}
void main()
{
    unsigned char i;
    while(1)
    {
        for(i = 0;i < 8;i++)
        {
            P2 = table[i];
            delay();
        }
    }
}
```

2. 移位法

所谓移位法，就是采用 C 语言中的左移运算符 "<<" 或右移运算符 ">>"，实现有规律数据变换。流水灯是一种有规律的变化，比较适合采用移位法来实现。在实践中我们可以采用左移法或右移法实现。

1) 左移法。 如图 2-59 所示，数据整体左移 1 位，左边的最高位向左移入进位标志位 CY，同时在最低位补 0。

2) 右移法。 如图 2-60 所示，数据总体右移 1 位，最低位移入进位标志位 CY，同时左边的最高位补 0。

图 2-59 左移操作

下面我们用右移法实现流水灯控制。

```c
#include "reg51.h"
void delay()
{
    unsigned int a;
    for(a=0;a<40000;a++);
}
void main()
{
    unsigned char i;
    while(1)
    {
        P2=0x7f;              // VL8 亮 0111 1111
        delay();
        for(i=0;i<8;i++)
        {
            P2=P2>>1|0x80;    //最高位置 1
          delay();
        }
    }
}
```

图 2-60 右移操作

程序中使用了 "P2 = P2 >> 1 | 0x80;" 语句，请读者思考一下，为什么移位后需要位或 0x80？

3. 移位函数

Keil C51 自带的函数库 "intrins.h" 文件包含了两个移位函数：unsigned char _crol_ (unsigned char c, unsigned char b) 和 unsigned char _cror_ (unsigned char c, unsigned char b)，分别实现循环左移和循环右移的操作。_crol_把操作数 c 循环左移 b 位，并返回移位结果；_cror_函数把操作数 c 循环右移 b 位，并返回移位结果。

1) 循环左移。 _crol_函数循环左移操作如图 2-61 所示。数据整体左移 1 位，同时最高位移入最低位。

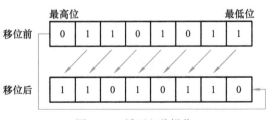

图 2-61 循环左移操作

2）**循环右移**。_cror_函数循环右移操作如图 2-62 所示。数据整体右移 1 位，同时最低位移入最高位。

下面以循环右移函数为例来说明程序设计思路。

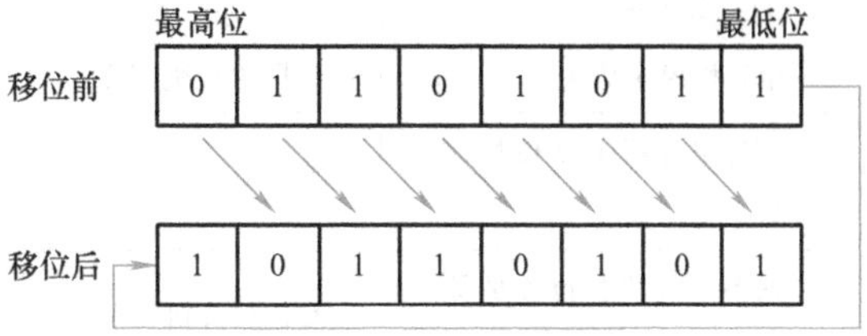

```c
#include "reg51.h"
#include "intrins.h"
void delay()
{
    unsigned int a;
    for(a=0;a<40000;a++);
}
void main()
{
    unsigned char temp;
    while(1)
    {
        temp=0x7f;                //VL8 亮 0111 1111
        while(1)
        {
            P2=temp;
            temp=_cror_(temp,1);
            delay();
        }
    }
}
```

图 2-62　循环右移操作

【任务实施】

一、任务目的

1）了解单片机 I/O 的类型及分布。
2）掌握移位控制的方法。
3）掌握数组的使用方法。

二、软件及元器件

1）STC – ISP 下载软件。
2）Keil μVision 4。
3）下载线。
4）单片机实验板。

三、内容与步骤

在 Proteus 中绘制原理图，如图 2-44 所示。

【任务评价】

1）分组汇报实现 LED 流水灯的程序设计过程，通电演示电路功能，并回答相关问题。

2）填写任务评价表，见表2-12。

表2-12　任务评价表

评价内容		评价标准	分值	学生自评	小组互评	教师评价
知识目标	单片机程序结构	掌握单片机程序结构				
	了解单片机I/O口控制的方法	掌握单片机I/O口的控制方法				
	熟悉单片机位操作的原理和方法	掌握单片机移位控制的方法				
	熟悉程序的调试方法	掌握程序调试的基本方法				
技能目标	能够编写程序完成一组单片机I/O口控制	掌握单片机多个I/O口控制方法				
	安全操作	安全用电、遵守规章制度				
	现场管理	按企业要求进行现场管理				

【任务总结】

通过移位操作或查表法，我们实现了流水灯控制。

思考与练习

1）编程实现8个发光二极管来回流动，每个管亮100ms。
2）编程实现用8个发光二极管演示出8位二进制数累加过程。
3）用逻辑左移法实现流水灯程序设计。
4）用循环右移法实现流水灯程序设计。

拓 展 任 务

1. 任意变化的流水灯

编写程序，要求8个发光二极管按照下面的模式工作：
1）8个发光二极管从左往右循环3次。
2）从两边往中间流动3次。
3）8个发光二极管全部闪烁3次。
4）关闭发光二极管，程序停止。

2. 模拟交通灯设计

编写程序，控制4个发光二极管模拟交通信号灯的动态切换。

项目三

抢答器的设计

项目描述：

抢答器是日常生活中常见的电子产品，本项目用四个独立按键进行抢答，一个主持人键控制抢答的开始，用数码管显示选手号码。

知识目标：

1）数码管的显示原理，静态显示与动态显示的区别。
2）共阴、共阳数码管的原理图绘制及字形码的显示。
3）按键的抖动与去抖。

能力目标：

1）能绘制数码管动态显示的硬件电路图。
2）能设计数码管动态显示的显示程序。
3）能设计独立按键程序。

教学重点：

1）数码管动态显示程序。
2）按键程序的调试。

教学难点：

1）数码管动态显示原理。
2）按键去抖程序的调试。

任务一　简易秒表的设计与实现

【任务导入】

在家电产品（如空调）中，需要显示一些参数（如室温），最简单的显示器件是七段数码管。本节将重点介绍七段数码管的原理及使用方法。

【任务分析】

利用单片机控制一个七段数码管，实现静态显示 0~9，时间间隔为 1s。

【知识链接】

一、认识数码管

1. 数码管的类型

单片机系统中常用的显示器件有：LED（Light Emitting Diode）显示器、LCD（Liquid Crystal Display）显示器、CRT 显示器和 OLED 显示器等，其中 LED、LCD 已得到广泛应用。LED、LCD 显示器有两种显示结构：段显示结构（7 段、米字型等）和点阵显示结构（5×8、8×8 点阵等）。

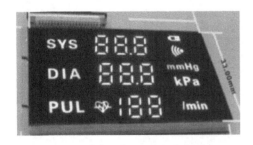

图 3-1　几种常见 LED 数码管

七段数码管因为价格低、使用方便在低成本应用中得到了广泛的应用。七段数码管的引脚结构如图 3-2a 所示。组成 8 字共需要 7 个数码段，每个数码段用一个 LED 灯表示，再加上点号段共计 8 个 LED 段。七段数码管有两种结构，共阳极和共阴极。所谓共阴极，就是内部 8 个 LED 灯的阴极连在一个公共端，8 个 LED 灯的阳极分别引出作为控制端，如图 3-2b 所示；所谓共阳极，就是内部 8 个 LED 灯的阳极连在一个公共端，8 个 LED 灯的阴极分别引出作为控制端，如图 3-2c 所示。

2. 数码管的字型码

怎样驱动数码管呢？下面我们以共阳极数码管为例来说明数码管的驱动方法。

如图 3-2a 所示,数码管的每一个笔段各有一个引脚相对应,依次标记为 a、b、c、d、e、f、g。3 脚和 8 脚为公共端,内部连在一起,对于共阳极数码管为 8 个 LED 笔段的公共阳极,对于共阴极数码管则为 8 个 LED 笔段的公共阴极。对于共阳极数码管,公共端一般接电源 VCC,要使得某一笔段,

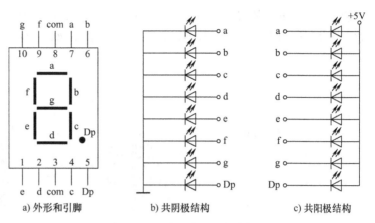

a) 外形和引脚 b) 共阴极结构 c) 共阳极结构

图 3-2　数码管的内部结构

如 a 笔段点亮,则 a 引脚需要加低电平 0。如果我们想要显示数字 0,则 a、b、c、d、e、f 引脚均为低电平 0,而 g、Dp 笔段则为高电平 1。如果按照 Dp、g、f、e、d、c、b、a 的顺序依次将这些引脚连接到单片机的 I/O 端口,如 P0 口,则需要在 P0 赋值 11000000B,写成十六进制即为 0xC0H。0xC0 称为数字 0 的字形码或驱动码。对于共阴极数码管公共端接地,要使某一笔段点亮,该笔段对应引脚则需施加高电平 1,因此对共阴极数码管的字形码刚好为共阳极数码管字形码的反码。表 3-1 给出了共阳极数码管 0 ~ 9 的字形码,共阳极数码管 A ~ F 及共阴极数码管 0 ~ F 的字形码请读者自行计算。

表 3-1　数码管的字形码

字　形	共 阳 极	共 阴 极	字　形	共 阳 极	共 阴 极
"0"	0xc0		"8"	0x80	
"1"	0xf9		"9"	0x90	
"2"	0xa4		"A"		
"3"	0xb0		"b"		
"4"	0x99		"C"		
"5"	0x92		"d"		
"6"	0x82		"E"		
"7"	0xf8		"F"		

3. 静态数码管显示原理

LED 显示器工作方式有两种:静态显示方式和动态显示方式。

静态显示的特点是每个数码管的笔段必须接一个 8 位数据线来保持显示的字形码。当送入一次字形码后,显示字形可一直保持,直到送入新字形码为止。这种方法的优点是占用 CPU 时间少,显示便于监测和控制。缺点是硬件电路比较复杂,成本较高。

下面我们用一个简单的例子说明数码管静态显示的原理,动态显示原理将会在任务二阐述。如图 3-2 所示,7 段共阳极数码管的 a ~ g 依次连接到单片机的 P0.0 ~ P0.6,公共端连接到电源 VCC。下面编写程序使得数码管显示一个数字,例如 "5"。查表 3-1 可知,5 的字形码是 0x92,因此用 P0 = 0x92 即可以显示 "5"。

首先用 Proteus 画仿真图，如图3-3 所示，其中共阳极数码管采用 7SEG - COM - AN - BLUE。注意：在实际应用中，P0 口和数码管引脚之间需要添加 200 ~ 500Ω 的限流电阻。

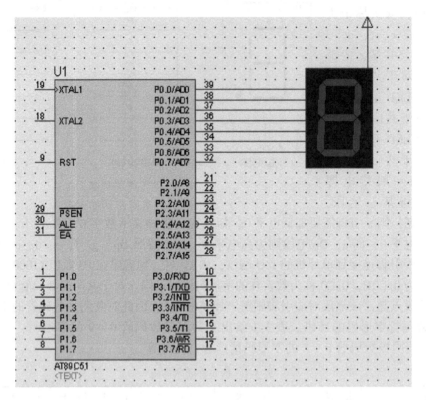

图 3-3   数码管静态显示仿真电路图

然后用 Keil 编写程序点亮数码管，程序如下：

```
#include <reg52.h>
void main()
{
    while(1)
    {
        P0 = 0x92;          //数码管段选赋值,显示 5
    }
}
```

二、简易秒表的实现

要求：电路如图3-3 所示，在数码管上循环显示数字 0 ~ 9，时间间隔 1s。程序如下：

```
#include "reg51.h"
unsigned char code table[] = {0xc0,0xf9,0xa4,0xb0,0x99,0x92,0x82,0xf8,0x80,0x90};
//表:共阳极数码管 0 ~ 9 的字形码
void delay(unsigned int tmp)
{
    unsigned int i, j;
```

```
    for(i=tmp;i>0;i--)
        for(j=110;j>0;j--);
}
void main(void)
{
    unsigned char i;                    //定义循环变量
    while(1)
    {
        for(i=0;i<10;i++)               //循环显示 0~9
        {
            P0=table[i];                //查表输出数码管段值给 P0 口,显示相应的 0~9
            delay(1000);                //延时
        }
    }
}
```

采用图 3-3 所示的方法静态显示，一个数码管需要 8 根 I/O 口线，那么如果要显示 n 个数字，则需要 8n 个 I/O 口，显然这在大多数情况下是不经济的。在实际应用中多采用移位寄存器如 74HC164 来减少端口需求数量。

【任务实施】

一、任务目的

1）掌握七段数码管的结构。
2）掌握生成字形码的原理和方法。
3）掌握软件定时的方法。

二、软件及元器件

1）STC - ISP 下载软件。
2）Keil μVision 4。
3）下载线。
4）单片机实验板。

三、内容与步骤

1）在 Proteus 中绘制原理图，如图 3-3 所示。
2）在 Keil Vision 4 中编写秒表程序。
3）在 Proteus 中进行仿真。
4）将程序下载到实验板完成验证。注意需要将 P1.0~P1.4 中任一引脚清零。

【任务评价】

1）分组汇报实现简易秒表的程序设计过程，通电演示电路功能，并回答相关问题。
2）填写任务评价表，见表 3-2。

表 3-2 任务评价表

	评价内容	评价标准	分值	学生自评	小组互评	教师评价
知识目标	单片机程序结构	掌握单片机程序结构				
	数字字形码生成的方法	掌握数字字形码生成的方法				
	熟悉单片机延时子程序的编写过程	掌握单片机延时子程序的编写流程				
	熟悉程序的调试方法	掌握程序调试的基本方法				
技能目标	能够编写程序完成单个七段数码管的控制	掌握单个七段数码管的控制方法				
	安全操作	安全用电、遵守规章制度				
	现场管理	按企业要求进行现场管理				

【任务总结】

本节我们掌握了了单个七段数码管的控制方法，能够很好地显示 0~9 这 10 个数字。如何显示 10 以上的数字，这是我们需要进一步解决的问题。

思考与练习

1）用共阳极数码管循环显示字母 HELLO，时间间隔为 0.5s。
2）用四个共阴极数码管同时显示 0~F，时间间隔为 1s。
3）用两个独立数码管用静态显示的方法实现 99s 秒表。

任务二 数码管广告牌的设计与实现

【任务导入】

在上一个任务中，我们实现了对单个七段数码管的控制。本任务将讨论如何同时控制多个七段数码管。

【任务分析】

在 4 位共阳极数码管上显示"1234"，通过这个简单的任务，学习数码管与单片机的硬件接口与相应的软件编程。

【知识链接】

一、数码管动态显示原理

任务一中阐述了数码管静态显示的原理，在图 3-3 中数码管字形码输入端独占 P0 口，数码管的公共端连接到 VCC, 如果我们需要使用两个数码管, 那么第二个数码管的字形码输入端只能独占其他 I/O 口, 如 P1 口, 同样第二个数码管的公共端连接 VCC。

数码管动态显示接口是单片机中应用最为广泛的一种显示方式之一。如图 3-4 所示, 动态驱动是将所有数码管的 8 个显示笔划 (a, b, c, d, e, f, g, dp) 的同名端连在一起, 共享同一端口。另外为每个数码管的公共端 COM 增加位选通控制电路, 位选通由各自独立的 I/O 线控制。当单片机输出字形码时, 所有数码管都接收到相同的字形码, 但究竟是哪个数码管会显示出字形, 取决于单片机对位选通 COM 端电路的控制, 所以我们只要将需要显示的数码管的选通控制打开, 该位就显示出字形, 没有选通的数码管就不会亮。通过分时轮流控制各个数码管的 COM 端, 就使各个数码管轮流受控显示, 这就是动态驱动。在轮流显示过程中, 每位数码管的点亮时间为 1 ~ 20ms, 由于人的视觉暂留现象及发光二极管的余辉效应, 尽管实际上各位数码管并非同时点亮, 但只要扫描的速度足够快, 给人的印象就是一组稳定的显示数据, 不会有闪烁感, 动态显示的效果和静态显示是一样的, 但它能够节省大量的 I/O 端口, 而且功耗更低。动态显示也称作扫描显示方式。

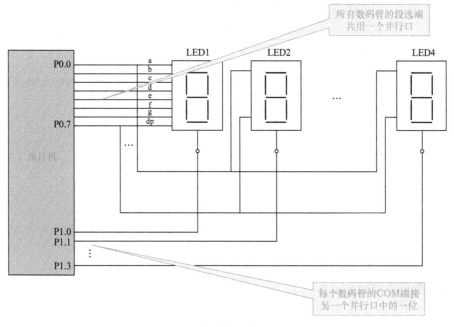

图 3-4 数码管动态显示原理

在显示位数较多时, 动态显示方式可以节约 I/O 接口资源, 硬件电路比静态显示方式简单, 但亮度比静态显示要差一些, 所以在选择限流电阻时应略小于静态显示电路。

二、数码管广告牌的实现

1. 用 Proteus 绘制仿真图

从 Proteus 中选取如下元器件, 并按照图 3-5 绘制仿真图。

1) 单片机 (AT89C51)。

2) 电阻、排阻 (RES、RESPACK-8)。

3) 电容、电解电容 (CAP、CAP-ELEC)。

4）晶振（CRYSTAL）；按键（BUTTON）。

5）反相器（NOT）。

6）4位共阳极数码管（7SEG - MPX4 - CA - BLUE）。

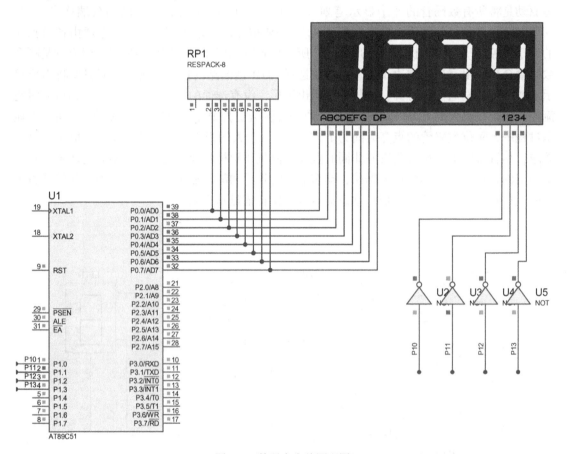

图 3-5　数码广告牌原理图

2. Keil 软件编写程序

1）四位数码管同时显示 0 ~ 9。

```
# include "reg51. h"
unsigned char code table[] = {0xc0,0xf9,0xa4,0xb0,0x99,0x92,0x82,0xf8,0x80,0x90};
//共阳极数码管 0 ~ 9 的字形码
void delay (void)
{
    unsigned int i;
    for(i = 0;i < 35000;i++);
}
void main()
{
    unsigned char i;
    while(1)
    {
        for(i = 0;i < 10;i++)
```

```
    {
        P1 = 0xf0;
        P0 = table[i];
        delay();
    }
  }
}
```

程序中通过 P0 送出字形码，字形码同时到达所有数码管的 a～g 段。P1 口送 0xf0，低 4 位为 0，经反相器输出为 1 施加到 4 个数码管的公共端，4 个数码管相同笔段同时导通，因此显示同一数字。

如果我们对 P1.0、P1.1、P1.2、P1.3 进行控制，使得任一时刻，只有一个输出 0，其他都为 1，则经过反相器后只有一个数码管的公共端得到有效电平 1，就可以让不同数码管轮流显示，利用人眼的视觉暂留作用，"欺骗"人的大脑，让人"误以为"4 个数码管是同时显示的。我们把字形码简称为段码，而把控制数码管公共端的控制码称为位码。本例中 P1 口同一时刻只有一位输出 0，其他都是 1，因此我们可以采用项目二流水灯的解决思路，来完成对 P1 口的控制，进而实现数码管的动态显示。

2）四位数码管显示 "1234" 字样。

```c
# include "reg51.h"
unsigned char code table[] = {0xf9,0xa4,0xb0,0x99};   //共阳极数码管 1～4 的字形码
void delay (void)
{
    unsigned int i;
    for(i = 0;i < 300;i++);
}
void main()
{
    unsigned char i,temp;
    while(1)
    {
        temp = 0xfe;
        for(i = 0;i < 4;i++)
        {
            P1 = temp;
            P0 = table[i];
            temp = temp << 1 |0x01;
            delay();
        }
    }
}
```

本例中对 P1 口的控制采用了逻辑左移的方法。我们也可以用查表法实现。实现代码如下：
方法 1：一维数组查表法

```c
void dis1()
{
    unsigned char code led[] = {0xf9,0xa4,0xb0,0x99};   //共阳极数码管 1～4 的字形码
    unsigned char code com[] = {0xfe,0xfd,0xfb,0xf7};
    unsigned char i;
```

```
    for(i=0;i<4;i++)
    {
        P0 = led[i];
        P1 = com[i];
        delay();
    }
}
```

方法 2：二维数组查表法

```
void dis1()
{
    unsigned char ledcom[2][4]={{0xf9,0xa4,0xb0,0x99},
                                {0xfe,0xfd,0xfb,0xf7}};

    unsigned char i;
    for(i=0;i<4;i++)
    {
        P0 = ledcom[0][i];
        P1 = ledcom[1][i];
        delay();
    }
}
```

当然我们也可以用函数法来实现，请读者自行思考。

【任务实施】

一、任务目的

1）掌握多位数码管显示控制的方法。

2）掌握数码管动态显示的原理。

3）掌握 A ~ F 字形码的生成原理及方法。

4）掌握 Keil C 语言子程序的编写及调用方法。

二、软件及元器件

1）STC – ISP 下载软件。

2）Keil μVision 4。

3）下载线。

4）单片机实验板。

三、内容与步骤

1）在 Proteus 中绘制原理图，如图 3-5 所示。

2）在 Keil μVision 4 完成程序编写。

3）在 Proteus 中进行仿真。

4）将程序下载到实验板完成验证。

【任务评价】

1) 分组汇报实现数码广告牌的程序设计过程，通电演示电路功能，并回答相关问题。

2) 填写任务评价表，见表3-3。

表3-3 任务评价表

	评价内容	评价标准	分值	学生自评	小组互评	教师评价
知识目标	单片机程序结构	掌握单片机程序结构				
	了解动态扫描显示控制的方法	掌握数码管动态扫描显示的控制方法				
	熟悉单片机子程序编写和调用的方法	掌握单片机子程序编写和调用的方法				
	熟悉程序的调试方法	掌握程序的调试基本方法				
技能目标	能够编写程序完成多个数码管的控制	掌握多个数码管的控制方法				
	安全操作	安全用电、遵守规章制度				
	现场管理	按企业要求进行现场管理				

【任务总结】

本节我们实现了多个数码管的动态扫描显示。在后续课程里，我们将会进一步讨论如何利用这一机制显示有用的信息。

思考与练习

1) 思考程序中延时函数的作用？

2) 如果找不出 P1 口的规律，如何修改程序？

3) 什么是动态显示方式？

4) 动态显示方式下，每个数码管都间断地显示某一字符，那么人们看见的字符是在不断地闪烁吗？

5) 数码管动态显示方式与静态显示方式相比有什么差别？

6) 用4位数码管显示自己的生日。

拓 展 任 务

1) 多屏显示学号和生日，生日：9108，学号：2315。

```
void dis2()
{
    unsigned char lednum[2][4] = {{0x90,0xf9,0Xc0,0x80},
                        {0xf9,0Xc0,0xa4,0xb0}};//设置数字"9108"、"2315"的字形码
unsigned char com[] = {0xfe,0xfd,0xfb,0xf7};
```

```
unsigned char i,j,num;
for(num=0;num<2;num++)
    for(j=0;j<100;j++)              //循环显示一屏字符100次,达到延时显示作用
        for(i=0;i<4;i++)
        {
            P1=com[i];             //位选码送位控制口 P1 口
            P0=lednum[num][i];     //显示字型码送 P0 口
            delay();               //延时 10ms
        }
}
```

2）用数码管动态显示 HELLO。

```
void dis3()
{ unsigned char ledmove[]={0xff,0xff, 0xff,0x89,0x86,0xc7,0xc7,0xc0,0xff};
                                                //设置移动字符的字形码
  unsigned  char com[]={0xfe,0xfd,0xfb,0xf7};//设置位选码
  unsigned char i,j,num;
  for(num=0;num<4;num++)               //显示 4 屏字符
    for(j=0;j<100;j++)                 //循环显示一屏字符 100 次,达到延时显示作用
        for(i=0;i<6;i++)
        {
            P1=com[i];                 //位选码送位控制口 P2 口
            P0=ledmove[num+i];         //显示字形码送 P1 口
            delay();                   //延时 10ms
        }
}
```

任务三　电子计数器的设计与实现

【任务导入】

在上一个任务中，我们实现了 4 个七段数码管的控制。本任务将讨论如何制作一个简单的电子计数器。

【任务分析】

本任务要求设计一个计数器，其计数范围为 0～99，按下按键 1，数码管显示加 1；按下按键 2，数码管显示减 1；按下按键 3，数码管清 0。电子计数器原理图如图 3-6 所示。

【知识链接】

一、机械按键识别原理

如图 3-7 所示，按键过程中不可避免地存在干扰。如果不加处理，单片机可能把一次按键过程误认为是多次按键过程从而引起错误操作。去除干扰通常有两种方法：第一种采用电

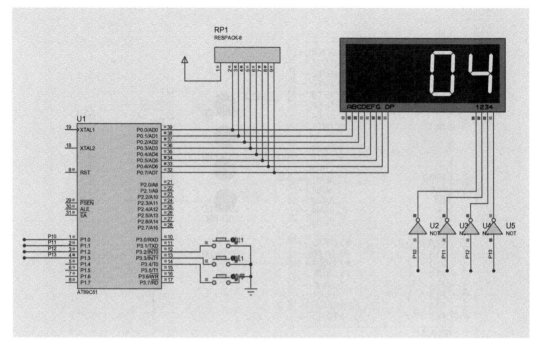

图 3-6 电子计数器原理图

容滤波法，但会增加硬件成本及硬件电路的体积；第二种是软件滤波法，这种方法因为不增加硬件成本得到了广泛的应用。

从图 3-7 中可以发现，机械按键按下后存在一个 5～10ms 的干扰区，10ms 之后，按键信号保持稳定的电平直到松开为止。在软件处理上可以在识别到按键按下后延时 10ms 以上以避开干扰信号区域，然后再检测一次，看按键是否确定已经按下，若确定已经按下，这时应该输出低电平，若这时检测到的是高电平，

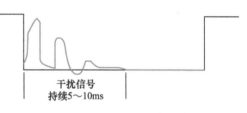

图 3-7 按键过程

证明刚才是由于干扰信号引起的误触发，因此程序就舍弃这次的按键，认为无按键操作发生；如果为低电平，则说明确实有按键操作，程序设计上要有一个等待按键释放的过程，显然释放的过程，就是使其恢复成高电平状态。通过这样的软件滤波设计，可以实现按键识别的可靠性。

二、参考程序

1）如图 3-8 所示，每按下一次按键 K1，计数值加 1，通过 AT89S51 单片机的 P2 端口的 P2.0～P2.3 显示出按键次数的二进制计数值。

```
#include "reg51. h"
sbit K1 = P3^2;
unsigned char count;
void delay10ms()
{
```

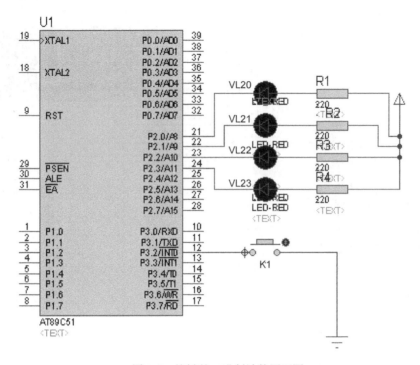

图 3-8　按键的二进制计数原理图

```
    unsigned int i,j;
    for(i=10;i>0;i--)
        for(j=110;j>0;j--);
}
void main()
{
    while(1)
    {
        if(K1==0)
        {
            delay10ms();           //去抖,延时10ms
            if(K1==0)
            {
                while(!K1);         //等待 K1 释放
                count++;
                if(count==16)
                    count=0;
            }
        }
        P2=~count;
    }
}
```

2）如图 3-9 所示，按下按键 K1，数码管显示加 1；按下按键 K2，数码管显示减 1；按下按键 K3，数码管清 0。

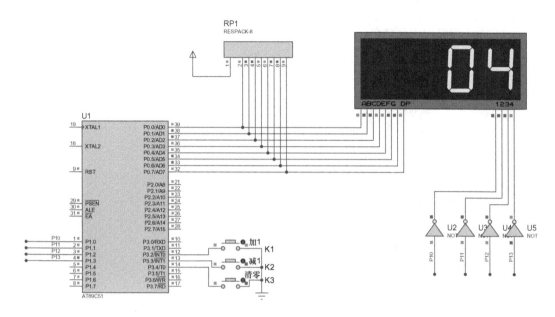

图 3-9　电子计数器原理图

```
#include "reg51.h"
unsigned char table[] = {0xc0,0xf9,0xa4,0xb0,0x99,0x92,0x82,0xf8,0x80,0x90};
                        //表:共阳极数码管 0 ~ 9 的字形码
sbit K1 = P3^2;          //加 1
sbit K2 = P3^3;          //减 1
sbit K3 = P3^4;          //清零
unsigned char temp;
void delay10ms()
{
    unsigned int i,j;
    for(i = 10;i > 0;i-- )
        for(j = 110;j > 0;j--);
}
void display(unsigned  char temp)    //temp 表示显示数值
{
    unsigned char a,b;
    a = table[temp% 10];             //个
    b = table[temp/10];              //十
    P1 = 0xf7;                       //取个位
    P0 = a;                          //显示个位
    delay10ms();
    P1 = 0xfb;                       //取十位
    P0 = b;                          //显示十位
    delay10ms();
}
void main()
{
```

```
    while(1)
    {
        if(K1 ==0)
        {
            delay10ms();
            if(K1 ==0)
            {
                while(! K1);
                temp++;
                if(temp >99)
                    temp =0;
            }
        }
        if(K2 ==0)
        {
            delay10ms();
            if(K2 ==0)
            {
                while(! K2);
                temp-- ;
                if(temp <=0)
                    temp =99;
            }
        }
        if(K3 ==0)
        {
            temp =0;
        }
        display(temp);
    }
}
```

我们可以注意到减 1 功能小于 0 以后会出现乱码，如何修改呢？只需要把"unsigned char temp"；修改为"signed char temp;"就可以了。原因请读者自行思考。

【任务实施】

一、任务目的

1）掌握多位数码管显示控制的方法。

2）掌握数码管动态显示的原理。

3）掌握按键扫描的方法。

4）掌握键盘软件去抖的原理及方法。

二、软件及元器件

1）STC – ISP 下载软件。

2）Keil μVision 4。

3）下载线。

4）单片机实验板。

三、内容与步骤

1）在 Proteus 中绘制原理图，如图 3-9 所示。
2）在 Keil μVision 4 完成程序编写。
3）在 Proteus 中进行仿真。
4）将程序下载到实验板完成验证。

【任务评价】

1）分组汇报实现 LED 闪烁程序的设计过程，通电演示电路功能，并回答相关问题。
2）填写任务评价表，见表 3-4。

表 3-4 任务评价表

	评价内容	评价标准	分值	学生自评	小组互评	教师评价
知识目标	单片机多位数码管的显示驱动原理	掌握多位数码管显示驱动程序的编写方法				
	了解动态显示控制的方法	掌握单片机动态显示的控制方法				
	熟悉单片机按键捕捉的方法	掌握单片机按键解码程序的编写和调用的方法				
	熟悉软件去抖原理	掌握软件去抖程序的编写方法				
技能目标	能够编写程序完成电子计数器设计	掌握电子计数器设计方法				
	安全操作	安全用电、遵守规章制度				
	现场管理	按企业要求进行现场管理				

【任务总结】

本节我们实现了多个数码管的动态显示。在后续课程里，我们将介绍一个实用的例子，并使用动态显示方式显示单片机当前状态。

思考与练习

为什么 K3 按键没有做消抖处理?

拓 展 任 务

设计一个计数器，其计数范围为 0 ~ 999，按下 K1 键加 1，按下 K2 键清 0。

```
#include "reg51.h"
unsigned char table[] = {0xc0,0xf9,0xa4,0xb0,0x99,0x92,0x82,0xf8,0x80,0x90};
                     //表:共阳极数码管 0 ~ 9 的字形码
sbit K1 = P3^2;        //加 1
sbit K2 = P3^3;        //清零
unsigned char temp;
void delay10ms()
{
```

```
    unsigned int i,j;
    for(i =10;i >0;i--)
        for(j =110;j >0;j--);
}

void display(signed  int temp)          //temp 表示显示数值
{
    unsigned char a,b,c;
    a = table[temp% 10];                //个
    b = table[temp% 100/10];            //十
    c = table[temp/100];                //百
    P1 =0xf7;                           //取个位
    P0 =a;
    delay10ms();
    P1 =0xfb;                           //取十位
    P0 =b;
    delay10ms();                        /* * /
    P1 =0xfd;                           //取百位
    P0 =c;
    delay10ms();
}
void main()
{
    while(1)
    {
        if(K1 ==0)
        {
            delay10ms();
            if(K1 ==0)
            {
                while(! K1);
                temp++;
                if(temp >99)
                    temp =0;
            }
        }
        if(K2 ==0)
        {
            temp =0;
        }
        display(temp);
    }
}
```

任务四 四路抢答器的设计与实现

【任务导入】

在电视上或者在学校，我们经常会看到或参加某些知识竞赛。选手们使用的抢答器的原理是什么？怎样实现一个简单的数字抢答器？这是本任务将要解决的问题。

【任务分析】

设计一个抢答器，如图 3-10 所示，当开始键按下时，数码管 0 ~ 4 循环显示，此时允许抢答，K1 ~ K4 为 4 个选手键，按下按键即可抢答，数码管显示抢答成功的选手键编号，同时蜂鸣器发出"嘟"的声响。

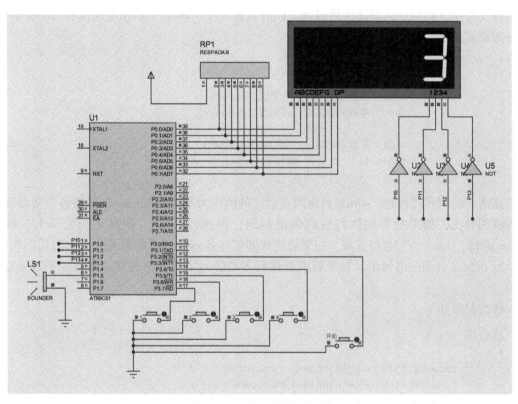

图 3-10 四路抢答器原理图

【知识链接】

一、多分支选择 Switch 语句

用 if 语句实现显示选手号码，按键 K1 按下显示 1，按键 K2 按下显示 2，……

```
if (K1 ==0)
{
    delay();
    if(K1 ==0)
    {
        P0 =0xf9;    //显示 1
    }
}
else if (K2 ==0)
{
    delay();
```

```
    if(K2 ==0)
    {
        P0 =0xa4;      //显示2
    }
}
```

if 语句一般用作单一条件或者分支数目较少的场合，如果使用 if 语句来编写超过 3 个以上的分支程序，则程序的可读性将降低。C 语言提供了一种用于多分支选择的 switch 语句，其一般格式如下。

```
switch(表达式)
    {
        case   常量表达式1：语句组1;break;
        case   常量表达式2：语句组2;break;
               ......
        case   常量表达式n：语句组n;break;
        default:            语句组 n +1;
    }
```

该语句的执行过程是：switch 后面的表达式的值作为条件，与 case 后面的各个常量表达式的值相对比，如果相等则执行后面的语句组，再执行 break（间断语句）语句，跳出 switch 语句。break 语句也可省略。如果表达式的值与各 case 后面常量表达式的值均不相等，则执行 default 后面的语句组。如果要求条件都不符合时不做任何处理，则可以不写 default 语句。

修改程序如下：

```
switch(P3)
{
        case 0x7f:P0 =0xf9;speaker =0;break;      //1
        case 0xbf:P0 =0xa4;speaker =0;break;      //2
        case 0xdf:P0 =0xb0;speaker =0;break;      //3
        case 0xef:P0 =0x99;speaker =0;break;      //4
        default: break;
    }
```

二、参考程序

四路抢答器程序设计如下：

```
#include < reg51. h >
#define uint unsigned int              //宏定义
#define uchar unsigned char            //宏定义
sbit k = P3^2;                         //开始
sbit k1 = P3^4;                        // 4
sbit k2 = P3^5;                        // 3
sbit k3 = P3^6;                        // 2
sbit k4 = P3^7;                        // 1
sbit bell = P1^5;                      //蜂鸣器
uchar table[] ={0xf9,0xa4,0xb0,0x99};  //共阳极数码管 1 ~ 4 的字形码
```

```
void delay(uint j)
{
  uint i;
  for(i=0;i<j;i++);
}
void main()
{
    uchar t,m;                          //t 表示选手号定义,m 表示数码管数目
    while(1)
    {
        if(k==0)
        {
            while((t=(~P3&0xf0))==0)  //无人抢答
            {
                for(m=0;m<4;m++)        //开始后,数码管 1~4 循环闪烁
                {
                    P0=table[m];
                    delay(8000);
                }
            }
            switch(t)
            {
              case 0x80: P0=0xf9;bell=0;delay(50000);bell=1;break;  // 1000 0000
              case 0x40: P0=0xa4;bell=0;delay(50000);bell=1;break;  // 0100 0000
              case 0x20: P0=0xb0;bell=0;delay(50000);bell=1;break;  // 0010 0000
              case 0x10: P0=0x99;bell=0;delay(50000);bell=1;break;  // 0001 0000
              default: break;
            }
        }
    }
}
```

三、验证运行

1）在 proteus 中完成仿真测试。

2）将程序下载到实验板中，验证抢答器的功能。注意按键响应的速度，并分析可能的原因。

【任务实施】

一、任务目的

1）掌握多位数码管显示控制的方法。

2）掌握数码管动态显示的原理。

3）掌握按键捕捉的原理。

4）掌握较复杂单片机程序编写及调试的方法。

二、软件及元器件

1）STC – ISP 下载软件；
2）Keil μVision 4。
3）下载线。
4）单片机实验板。

三、内容与步骤

1）在 Proteus 中绘制原理图，如图 3-9 所示。
2）在 Keil μVision 4 完成程序编写。
3）在 Proteus 中进行仿真。
4）将程序下载到实验板完成验证。

【任务评价】

1）分组汇报实现数字抢答器的程序设计，通电演示电路功能，并回答相关问题。
2）填写任务评价表，见表 3-5。

表 3-5　任务评价表

	评价内容	评价标准	分值	学生自评	小组互评	教师评价
知识目标	掌握按键捕捉方法	掌握按键捕捉方法				
	掌握动态扫描显示控制的方法	掌握单片机动态扫描显示的控制方法				
	较复杂单片机程序的编写和调试方法	掌握较复杂单片机程序的编写和调试方法				
	理解复杂的延时程序编写方法	掌握复杂的延时程序编写方法				
技能目标	能够编写程序完成数字抢答器	数字抢答器能够正常工作				
	安全操作	安全用电、遵守规章制度				
	现场管理	按企业要求进行现场管理				

【任务总结】

　　本节我们实现了一个简单的数字抢答器。在实际操作时，可以发现有时候会出现按键"不灵"的情况，这种缺陷在实际应用中是不可接受的，在后续课程里，我们将会进一步讨论如何利用"中断"技术解决这一问题。

拓 展 任 务

如图 3-11 所示设计抢答器，要求实现以下功能：
1）显示器前两位显示时间，最后一位显示选手号码。
2）主持人按一下按键，显示器从 29s 开始倒计时。

3）能容许 4 组进行抢答；抢答成功，显示抢答的组号并且对应灯亮，蜂鸣器发出提示音。

4）抢答成功后，其他小组不可抢答。

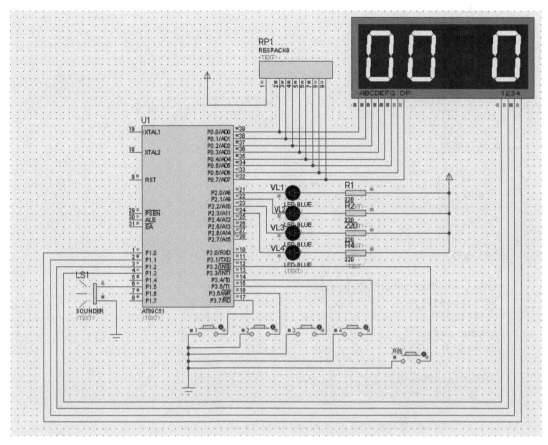

图 3-11　四路抢答器拓展原理图

```
#include < reg51.h >
unsigned char code table[] = {0xc0,0xf9,0xa4,0xb0,0x99,0x92,0x82,0xf8,0x80,0x90};
sbit start = P3^2;
sbit D1 = P2^0;
sbit D2 = P2^1;
sbit D3 = P2^2;
sbit D4 = P2^3;
sbit bell = P1^5;
void delay(unsigned int t)
{
    unsigned int i;
    for(i = 0;i < t;i++);
}
void display(unsigned char RoundNo,unsigned char time)
{
    unsigned char i;
    unsigned char a,b;
    a = time% 10;
    b = time/10;
```

```
    for(i=0;i<RoundNo;i++)
    {
        P0=table[a];
        P1=0xf7;
        delay(100);
        P1=0xff;
        P0=table[b];
        P1=0xfb;
        delay(100);
        P1=0xff;
    }
}
void init()
{
        D1=1;
        D2=1;
        D3=1;
        D4=1;
}
void main()
{
    unsigned char second,PlayerNO;
    P0=table[0];
    P1=0xf2;
    second=30;
    while(1)
    {
        if(start==0)
        {
            init();
            while((PlayerNO=(~P3&0xf0))==0)
            {
                display(10,second);
                second--;
                if(second==0)
                    second=60;
            }
            switch(PlayerNO)
            {
                case 0x80: P1=0xfe;P0=table[1];second=30;D1=0;bell=0;
                            delay(50000);bell=1;break;
                case 0x40: P1=0xfe;P0=table[2];second=30;D2=0;bell=0;
                            delay(50000);bell=1;break;
                case 0x20: P1=0xfe;P0=table[3];second=30;D3=0;bell=0;
                            delay(50000);bell=1;break;
                case 0x10: P1=0xfe;P0=table[4];second=30;D4=0;bell=0;
                            delay(50000);bell=1;break;
            }
        }           //end if
    }               //end loop
}
```

项目四

电子时钟的设计

项目描述：

电子时钟是日常生活中的常见电子设备，通过单片机的定时器可以精确设置系统的显示时间。四位数码管分别显示时钟、分钟，小数点的闪烁用来表示秒钟。按键可以调整时间的快慢。

知识目标：

1) 掌握单片机的中断系统，5 个中断源及相关特殊功能寄存器。
2) 了解单片机定时器的内部结构。
3) 掌握定时器的各种工作方式及相关特殊功能寄存器。
4) 掌握定时器初始化、中断服务程序的设计。
5) 掌握一键多功能的程序设计方式。
6) 掌握 LED 显示程序的设计。

能力目标：

1) 能用定时器产生指定频率的方波。
2) 能用定时器扩展外部中断。
3) 能用定时器控制动态 LED 显示器。
4) 能用定时器完成秒表的设计。
5) 能用定时器产生指定频率的音频信号，驱动蜂鸣器产生音乐。
6) 能设计、调式电子钟的程序。

教学重点：

1) 单片机的 5 个中断源及相关寄存器。
2) 定时器工作方式 1、2 的初始化。
3) 方式寄存器及控制寄存器的设置。
4) 定时器中断服务程序的设计。

教学难点：

1) 定时器方式 1、2 的初始化程序编写。
2) 定时器控制 LED 显示程序的编写。

任务一　认识 MCS-51 单片机中断系统

【任务导入】

在上一项目中，我们观察到抢答器按键有时会"不灵"这一棘手问题，解决的方案是引入"中断"机制。那么，什么是中断？这是本任务需要解决的问题。

【任务分析】

通过本任务的学习，掌握 51 单片机中断的基本概念、中断控制、中断响应过程、中断程序的初步设计。

【知识链接】

细心的读者会发现，在前面抢答器的任务中，按钮的控制不够灵敏，有时甚至不起作用，这是什么原因呢？原来是按键被按下时，单片机可能正在执行延时函数，等到从延时函数返回，再次检测有无按键按下时，按键已释放，导致刚才的按键并没有产生作用。

为了加强计算机的实时处理能力，引入了中断技术。

MCS-51 单片机有多个中断源，以 8051 为例，它有 5 个中断源：两个外部中断、两个定时中断和一个串行中断，如图 4-1 所示。

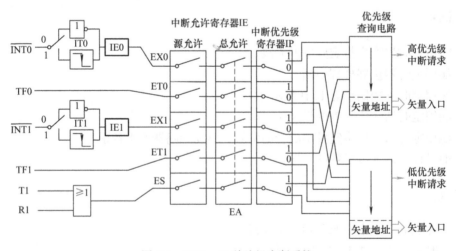

图 4-1　MCS-51 单片机中断系统

一、中断的概念

当 CPU 正在执行程序时，外部发生了某一事件（如定时器溢出、键盘有键按下、串行口接到一帧数据等）请求 CPU 迅速去处理，于是 CPU 暂时中断当前程序的执行，转去处理发生的事件。处理完成后，再回到原来被中断的地方，继续执行被中断的程序，这一过程称为中断。

在中断系统中，把引起中断的设备或事件称为中断源；由中断源向 CPU 发出的中断请求称为中断请求信号；CPU 接收中断请求而暂停现行程序的执行，转而去为服务对象服务称为中断响应；为服务对象服务的程序称为中断服务程序或中断处理程序；现行程序暂停时的 PC 值称为断点；从中断服务程序返回到断点处称为中断返回；当有多个中断源同时向 CPU 申请中断时，CPU 优先响应最紧急的中断请求，处理完毕再响应优先级别较低的中断请求，这种预先安排的响应次序称为中断优先级。

计算机采用中断技术后，具有以下优点。

1）使 CPU 的工作效率大为提高。CPU 和外部设备通过中断方式交换信息，可以避免不必要的等待和查询，CPU 可启动多个外设与它并行工作，对各个外设实行统一管理，分时服务，从而大大提高了 CPU 的工作效率。

2）增强了实时控制及应急处理能力。在实时控制系统中，被控制对象的参数变化必须及时采集、处理、并转化为相应的控制动作，对系统进行调节；数据的越限、系统的故障信息也必须被计算机及时发现，以便报警。有了中断功能后，系统的失常和故障都可通过中断立刻通知 CPU，使它能够迅速采集实时数据和故障信息，并对系统做出应急处理。

二、MCS-51 单片机的中断系统

1. 中断源

中断系统是指能够实现中断功能并能对其进行管理的硬件和软件。MCS-51 系列单片机中，基本型 51 单片机有 5 个中断源，增强型 52 单片机有 6 个中断源，它们在程序存储器中各有固定的中断服务程序入口地址（又称中断向量地址），当 CPU 响应中断时，硬件自动形成各自的入口地址，由此进入中断服务程序，从而实现正确的转移。这些中断源的符号、名称、产生条件及中断服务程序的入口地址见表 4-1。

表 4-1 中断向量表

中 断 号	中 断 源	中断服务入口地址	中断标志
0	外部中断 INT0	0003H	IE0
1	定时器 T0	000BH	TF0
2	外部中断 INT1	0013H	IE1
3	定时器 T1	001BH	TF1
4	串行口 TI/RI	00023H	TI/RI

在 Keil C51 中，不需要过多关注中断服务程序的入口地址。编译器会根据中断序号自动将中断服务程序定位到合适的位置。因此对于初学者只需要关注中断序号和中断源之间的关系即可。

2. 中断控制寄存器

在 51 系列单片机系统中，用户通过 IE 寄存器、IP 寄存器和 TCON 寄存器管理中断。IE 寄存器用于控制中断能否得到 CPU 响应；IP 寄存器用于管理中断的优先级；TCON 寄存器用于管理中断请求标记及外部中断方式。

（1）中断允许控制寄存器 IE（地址 A8H，允许位寻址） 8××51/8××52 的每个中断

源对应于 IE 寄存器的一位，如果允许该中断源中断，则该位置1，禁止该中断源中断，则该位清0。另外还有一位 CPU 是否响应中断的总控位，格式见表4-2。

表 4-2　中断允许控制寄存器 IE

位序号	D7	D6	D5	D4	D3	D2	D1	D0
位符号	EA	–	ET2	ES	ET1	EX1	ET0	EX0

各位具体含义如下：

EA：中断总控开关。EA = 1，CPU 开中断；EA = 0，CPU 关中断。CPU 开中断是 CPU 响应中断的前提，在此前提下，如某中断源的中断允许位置1，才能响应该中断源的中断请求；如果 CPU 关中断，即使某个中断源被允许，且提出了中断请求，CPU 都不予响应。

ES：串行口中断允许位，ES = 1，允行串行口中断；ES = 0，禁止串行口中断。

ET2：定时器 T2 中断允许位，ET2 = 1，允许 T2 中断；ET2 = 0，禁止 T2 中断。

ET1：定时器 T1 中断允许位，ET1 = 1，允许 T1 中断；ET1 = 0，禁止 T1 中断。

ET0：定时器 T0 中断允许位，ET0 = 1，允许 T0 中断；ET0 = 0，禁止 T0 中断。

EX1：外部中断 INT1 允许位，EX1 = 1，允许 INT1 中断；EX1 = 0，禁止 INT1 中断。

EX0：外部中断 INT0 允许位，EX0 = 1，允许 INT0 中断；EX0 = 0，禁止 INT0 中断。

（2）**中断优先级控制寄存器 IP（地址 B8H，允许位寻址）** 8××51/8××52 中断源优先级由 IP 管理，一个中断源对应一位，如果对应位置1，则该中断源为高优先级；如果对应位为0，则为低优先级。其格式见表4-3。

表 4-3　中断优先级控制寄存器 IP

位序号	D7	D6	D5	D4	D3	D2	D1	D0
位符号	–	–	PT2	PS	PT1	PX1	PT0	PX0

当某一时刻有多个中断源提出中断请求时，CPU 首先响应高优先级的请求；一个低优先级的中断可能被高优先级的中断所中断，但不能被另一个低优先级的中断所中断。一个高优先级的中断不能被其他高优先级中断所中断。

当某几个中断源在 IP 中的相应位同为1或同为0时，由内部查询确定优先级，优先响应先查询的中断请求。CPU 的查询顺序如下：

外部中断 INT0→定时器 T0→外部中断 INT1→定时器 T1→串行口 TI/RI→定时器 T2

（3）**定时器控制寄存器 TCON（地址 88H，允许位寻址）** TCON 格式见表4-4。

表 4-4　定时器控制寄存器 TCON

位序号	D7	D6	D5	D4	D3	D2	D1	D0
位符号	TF1	TR1	TF0	TR0	IE1	IT1	IE0	IT0

说明：

TF1、TF0、IE1、IE0 分别为中断源 T1、T0、INT1、INT0 的中断请求标志，如果中断源有中断请求，相应的中断标志置1，没有中断请求，相应标志位为0。

IT0、IT1 分别为外部中断 INT0、INT1 的中断触发方式选择，如果选择下降沿触发 I. T0、IT1 应设置为1；如果选择低电平触发，I. T0、IT1 应设置为0。

TR1、TR0 为定时器 T1、T0 工作的启动和停止位。

串行口的中断标志对应特殊功能寄存器 SCON 的 RI、T1 位。TR0、TR1、RI、TI 将会在后续章节中介绍。

3. 中断的响应过程

单片机在每个机器周期顺序采样每个中断源，在下一个机器周期按优先级顺序检测中断标志，如果发现某个中断标志为 1，将在接下来的机器周期按优先级进行处理。中断系统通过硬件自动将当前的 PC 值压入堆栈，以保护断点，再将相应的中断服务程序的入口地址装入 PC，使 CPU 转到中断服务程序的入口处开始执行程序。

对于有些中断源，CPU 在响应中断后会自动清除中断标志，如定时器溢出 TF0、TF1 以及边沿触发方式下的外部中断标志 IE0、IE1，而有些中断标志不会自动清除，只能由用户用软件清除，如串行口接收/发送中断标志 RI/T1，在电平触发方式下的外部中断 IE0、IE1 是根据引脚 INT0、INT1 的电平变化的，CPU 无法直接干预，因此在硬件设计上必须保证引起触发的电平信号及时撤除，否则可能引起多次触发。

中断服务程序从对应的矢量地址开始执行，执行完毕后，把压入堆栈的断点地址从堆栈中弹出，装入程序计数器 PC，使程序返回到被中断的程序的断点处继续执行。

4. 中断程序的设计

用户对中断的控制和管理，实际是围绕寄存器 IE、TCON、IP、SCON 进行的，这几个寄存器在单片机复位时是清零的，因此必须根据需要对这几个寄存器的相关位进行设置。编写中断服务程序时应注意：

1) 开中断总控开关 EA，置位中断源的中断允许位。

2) 根据外部中断请求信号 INT0、INT1 的特性选择中断触发方式，是低电平触发还是下降沿触发。

3) 如果有多个中断源中断，应设置中断优先级，预置 IP。

使用 C51 可以编写出高效的中断服务程序，编译器在规定的中断源的矢量地址中放入无条件转移指令，使 CPU 响应中断后能自动地从矢量地址跳转到中断服务程序的实际地址，而无需用户安排。

中断服务程序定义为函数，函数的定义如下：

函数类型 函数名（[形式参数表]）interrupt n [using m]

其中，interrupt n 表示将函数声明为中断服务函数，n 为中断号（参见表 4-1），可以是 0 ~ 31 之间的整数，n 通常取以下值。

0：外中断 INT0。

1：定时器/计数器 T0 中断。

2：外中断 INT1。

3：定时器/计数器 T1 中断。

4：串行口 TI/RI 中断。

5：定时器/计数器 T2 中断。

Using m 定义中断函数使用的工作寄存器组，m 的取值范围为 0 ~ 3，可以默认。它对目标代码的影响是：函数的入口处将切换到 m 指定的寄存器组，函数退出时，原寄存器组恢复。通过选不同的工作寄存器组，可方便实现寄存器组的现场保护。

例：如图 4-2 所示，对单片机外部中断 0 进行操作，要求采用电平触发方式，原先流水灯全亮，当有中断产生时，即 S3 被按下，流水灯全亮全灭交替性变化，周期为 1s，循环3 次。

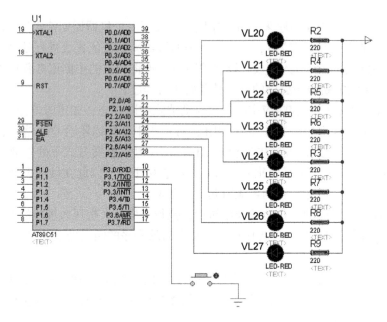

图 4-2　外部中断实验原理图

对应程序如下：

```c
#include <reg52.h>
void  main( )
{
    P2 = 0x00;
    EX0 = 1;                //允许外部中断 0 中断
    IT0 = 0;                //选电平触发方式
    EA = 1;                 //CPU 开中断
    while (1);              //等待中断
}
void delay()
{
    unsigned int i,j;
    for(i = 0;i < 500;i++)
        for(j = 0;j < 200;j++);
}
void   int0_int(void) interrupt 0
{
    unsigned char i;
    for(i = 0;i < 3;i++)
    {
        P2 = 0xff;
        delay();
        P2 = 0x00;
```

```
        delay();
    }
}
```

程序说明:

主程序中,首先对外部中断 0 进行初始化:允许外部中断 0 中断 (EX0 = 1);按下 S3 键时,P3. 2 脚将产生由高到低的负跳变,所以可将中断的触发方式设置为负跳变触发 (IT0 = 1);CUP 开中断 (EA = 1);赋初值后程序将进入循环。

从表面上看,主程序和中断服务程序似乎没有关系,当按下 S3 键时,将产生中断请求 INT0,由于 INT0 中断号为 0,当前中断又是开放的,程序自动会找到属性为“interrupt 0”的函数运行,即进入外部中断 0 的服务程序。

如果将中断请求信号接到单片机的 INT1 脚,程序应如何修改?

修改程序:

```
void  main( )
{
    P2 = 0x00;
    EX1 = 1;           //允许外部中断 0 中断
    IT1 = 0;           //选电平触发方式
    EA = 1;            //CPU 开中断
    while (1);         //等待中断
}
void   int1_int(void) interrupt 2
{
    unsigned char i;
    for(i = 0;i < 3;i++)
    {
        P2 = 0xff;
        delay();
        P2 = 0x00;
        delay();
    }
}
```

【任务实施】

一、任务目的

1)理解中断的概念。

2)掌握中断函数的编写方法。

3)理解中断优先级的概念。

4)理解中断允许的概念。

二、内容与步骤

1)分组讨论日常生活中有哪些中断,并与单片机中断做类比。

2)讨论日常生活中同一事件在不同场景中的响应速度及响应能力,并与单片机中断优先级、中断允许做类比。

3）尝试用伪代码编写中断服务程序以理解中断服务程序的结构。

【任务评价】

1）分组汇报各组讨论的结果，并回答相关问题。

2）填写任务评价表，见表4-5。

表4-5 任务评价表

	评价内容	评价标准	分值	学生自评	小组互评	教师评价
知识目标	单片机中断的概念	掌握中断的概念				
	中断的优先级	掌握单片机中断的优先级				
	中断允许	掌握单片机中断允许的概念及机制				
	中断服务程序的结构	掌握中断服务程序的编写方法				
技能目标	能够以伪代码形式编写中断服务程序	掌握中断服务程序的设计方法				
	能够以伪代码形式编写中断的初始化函数	掌握中断初始化函数的设计方法				
	安全操作	安全用电、遵守规章制度				
	现场管理	按企业要求进行现场管理				

【任务总结】

本任务初步介绍了单片机的中断系统，在后续课程里，我们将会进一步讨论如何利用这一机制提高系统的实时处理能力及并行处理能力。

思考与练习

1. 51系列单片机有几个中断源，各中断标志位是如何产生的，又是如何清零的？CPU响应中断时，它们的中断矢量地址分别是多少？

2. 51系列单片机的中断系统有几个优先级？如何设定？

3. 简述单片机的中断响应过程。

4. 51系列单片机的同级中断自然优先权顺序是怎样的？

任务二 认识单片机的定时器/计数器

【任务导入】

在项目二中我们学习和使用了软件定时器，并注意到软件定时器有精度不高的缺点。本节我们将学习使用硬件定时器来实现精确定时。

【任务分析】

通过使用单片机的定时中断实现硬件定时器,进而掌握单片机定时器/计数器的结构、功能及编程方法。

【知识链接】

一、常用定时方法

在单片机应用系统中,定时或计数是必不可少的。例如,测量一个脉冲信号的频率、周期或者统计一段时间里电动机转动了多少圈等。常用的定时方法有以下几种。

(1) 软件定时 软件定时是依靠执行一段程序来实现的,这段程序本身没有具体的意义,通过选择恰当的指令及循环实现所需的定时,由于执行每条指令都需一定的时间,执行这段程序所需的时间就是定时时间。软件定时的特点是无需硬件电路,但定时期间 CPU 被占用,增加了 CPU 的功耗,因此定时时间不宜过长,而且定时期间如果发生中断,就会出现误差。

(2) 硬件定时 硬件定时通常由小规模集成电路 555 定时器外加电阻、电容构成,电路简单,不占 CPU 资源,但定时时间的调节不够灵活方便。

(3) 可编程定时器定时 可编程定时器定时方法是通过对系统时钟脉冲的计数来实现的。通过程序来设置计数初值,改变初值也就改变了定时时间,使用起来非常灵活。由于定时器可以与 CPU 并行工作,因此不影响 CPU 的效率,且定时时间精确。

二、定时器/计数器概述

在 51 系列单片机中有两个 16 位的加法计数器,分别叫作 T0 和 T1。它们在计数脉冲的作用下,其计数值不断加 1,在此过程中,计数器可能产生溢出(溢出是指计时器的计数值计满时,在下一计数脉冲的作用下,产生进位,计数值归 0 的动作),产生溢出后可以向 CPU 发出中断请求。计数脉冲可以源于系统时钟或外部电路(通过 P3.4/T0、P3.5/T1 引脚输入)。

如果计数脉冲来自系统时钟,称之为定时器,每个机器周期(一个机器周期由 12 个时钟周期组成)计数器加 1;如果计数脉冲来自外部电路,称之为计数器,此时单片机在每个机器周期对 T0 引脚进行检测。如果在两个连续的机器周期内,前一次检测为高电平,而后一次检测到了低电平,即在 T0 脚检测到了一个下降沿,则计数器加 1,因此计数脉冲的频率不能高于振荡频率的 f_{osc} 的 1/24。

51 系列单片机的定时器 T0 原理图如图 4-3 所示。由下列几个 SFR 控制:TCON、TMOD、TH0、TL0。TCON 主要用于定时器 T1、T0 中断标记 TF0、TF1 的管理及定时器 T1、T0 的启动和停止;TMOD 主要负责控制定时器的工作方式;TH0、TL0 用于控制定时器 T0 的定时值,TH1 与 TL1 则用于定时器 1 的定时值的设定。定时器 T1 原理图与此类似。下面以 T0 为例进行讲解。

1. 定时器控制寄存器 TCON(字节地址为 88H)

TCON 是具有位寻址能力的特殊功能寄存器,其格式见表 4-6。其中低四位前面已介绍过,这里不再重复。

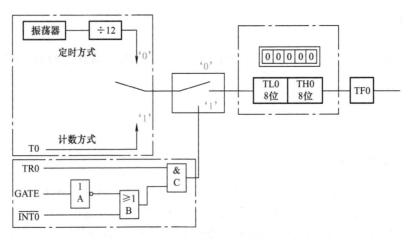

图 4-3 定时器 T0 原理图

表 4-6 TCON 定时器控制寄存器

位序号	D7	D6	D5	D4	D3	D2	D1	D0
位符号	TF1	TR1	TF0	TR0	IE1	IT1	IE0	IT0

TF0/TF1：定时器/计数器 T0 和 T1 的溢出中断标志，在进入中断服务程序时，TF0/TF1 被硬件自动清 0。

TR0/TR1：定时器/计数器 T0 和 T1 的启停控制位。为 0 时，定时器/计数器停止工作；为 1 时，启动定时器/计数器工作。

2. 定时方式寄存器 TMOD（字节地址为 89H）

定时方式寄存器 TMOD 用于控制定时器/计数器的工作方式，其定义见表 4-7。TMOD 高 4 位用于 T1 的设定，低 4 位用于 T0 的设定。

表 4-7 TMOD 定义

位序号	D7	D6	D5	D4	D3	D2	D1	D0
位符号	GATE	$C/\overline{T}$	M1	M0	GATE	$C/\overline{T}$	M1	M0
	定时器1				定时器0			

① M1、M0：选择定时器/计数器的工作方式，T0 有 4 种工作方式（方式 0 ~ 方式 3），T1 有 3 种工作方式（方式 0 ~ 方式 2）。定时器工作方式见表 4-8。

表 4-8 定时器工作方式

M1 M0	工作方式	功能说明	最长计时
0 0	方式 0	13 位计数器	$2^{13} = 8192 T_c$
0 1	方式 1	16 位计数器	$2^{16} = 65536 T_c$
1 0	方式 2	自动重载 8 位计数器	$2^8 = 256 T_c$
1 1	方式 3	定时器 0：分成两个 8 位计数器 定时器 1：停止计数	$2^8 = 256 T_c$

② C/T̄：定时方式/计数方式的选择控制位。C/T̄ = 0，多路开关选择系统时钟的 12 分频作为计数源，C/T̄ = 1，多路开关选择来自 Tn（n = 0，1）脚的外部脉冲作为计数源（对于 T0 来说，由 P3.4 引脚输入，对于 T1 来说，由 P3.5 引脚输入），一旦计数器产生溢出，TFn 变 1。

③ GATE：被称为"门控位"，当 GATE = 0 时，只要 TRn = 1，计数开始；如果 GATE = 1 时，只有 TRn = 1，并且 INTn = 1 时，计数开始。

如果计数脉冲可以传递到 TLn 和 THn 的计数输入端，则在计数脉冲作用下，计数器不断加 1，当产生溢出时，TFn 置 1，向 CPU 发出中断请求。

例如，当 TMOD = 0D2H（1101 00101B），定时器/计数器 T0 工作于定时方式 2，因为 GATE = 0，只要 TR0 = 1，就可开始计数；定时器/计数器 T1 工作于计数方式 1，因为 GATE = 1，只有当 TR1 = 1，且 P3.3 = 1 时，才能开始计数。

如前所述，T0 有 4 种工作方式（方式 0、方式 1、方式 2、方式 3），T1 有 3 种工作方式（方式 0、方式 1、方式 2），下面分别介绍。

1）方式 0。

方式 0 的计数器由 13 位构成，其中高 8 位在 THx（x = 0，1）中，低 5 位在 TLx（x = 0，1）中。当计数器产生溢出时，TFx（x = 0，1）位被位置 1，向 CPU 发出中断请求。在方式 0 下，计数器产生溢出时，不能进行初始计数值的自动重装（有关自动重装的问题参见方式 2），所以方式 0 不能用于精确定时。

2）方式 1。

方式 1 与方式 0 的工作形态基本相同，只是方式 1 的计数器由 16 位构成，其中高 8 位在 THx（x = 0，1）中，低 8 位在 TLx（x = 0，1）中，内部结构如图 4-3 所示。当计数器产生溢出时，TFx（x = 0，1）位被置 1，向 CPU 发出中断请求。在方式 1 下，计数器产生溢出时，也不能进行初始计数值的自动重装，所以方式 1 也不能用于精确定时。

3）方式 2。

方式 2 是可以自动重装的工作方式；初始化时一般将 8 位计数初值同时放入 THx（x = 0，1）、TLx（x = 0，1）中，其中，THx（x = 0，1）存放的是初值的备份，TLx（x = 0，1）用来计数，当 8 位计数器 TLx（x = 0，1）产出溢出时，除了可以向 CPU 发生中断请求外，单片机的硬件部分还立即把 THx（x = 0，1）中的备份送入 TLx 中。

在方式 0 或方式 1 下，为了让单片机进行周期性的动作，可以在中断服务程序中给计数器重新赋值，可是 CPU 必须等到当前指令运行完毕才能进入中断服务程序，而每条指令长短不一，进入中断服务程序的时间有快有慢，重新赋值的时间也有先有后，所以它们不能用于精确定时。

在方式 2 下，虽然进入中断服务程序的时候有快有慢，但由于重新赋值是硬件自动进行的，避免了重新赋值的时间不一，所以方式 2 可以用于精确定时。

4）方式 3。

T1 经常用于串行口的波特发生器，为了让系统中保持两个计数器，可以让 T0 工作在方式 3 下，这时，T0 被分成两个 8 位计数器，分别位于 TH0 和 TL0 中。其中 TL0 使用 T0 的中断、启动控制资源，TH0 则借用 T1 的中断、启动控制资源，而且 TH0 只能工作在定时方式下，不能工作在计数方式下（计数脉冲只能来源于系统时钟）。

3. 时间常数的计算

如果单片机需要进行周期性的工作，就应该让定时器/计数器 T0 或 T1 工作在定时方式，并且给 T0 或 T1 赋予一个初始计数值，在 T0 或 T1 被启动后，每个机器周期使计数器中的计数值加 1，计数器产生溢出后，将再次给计数器赋值（该值被称为时间常数）。显然计数器溢出时间（定时时间）与时间常数直接相关：时间常数越大，定时时间就越短；时间常数越小，定时时间就越长。同时系统时钟频率也直接影响定时时间：时钟频率越高，定时时间越短；时钟频率越低，定时时间越长。

设系统时钟频率为 f_{osc}，计数器初始值为 N，定时器工作于方式 1，则定时时间为

$$T = (2^{16} - N) \times 12/f_{osc} \tag{4-1}$$

如果定时器工作方式 2 或方式 3，定时时间为

$$T = (2^8 - N) \times 12/f_{osc} \tag{4-2}$$

当初始值 $N = 0$ 时，如果系统时钟频率 $f_{osc} = 12\mathrm{MHz}$（每个机器周期为 1us），则最大定时时间为

方式 1　　　　　　$T_{max} = 2^{16} \times 12/f_{osc} = 65536\mu s = 65.536\mathrm{ms}$

方式 2、方式 3　　$T_{max} = 2^8 \times 12/f_{osc} = 256\mu s$

实际应用时，往往要根据定时时间 T 反过来求初值 N，根据式（4-1）、式（4-2）分别计算出初值 N 为

方式 1　　　　　　$N = 2^{16} - T \times f_{osc}/12$

方式 2、方式 3　　$N = 2^8 - T \times f_{osc}/12$

如果 $f_{osc} = 12\mathrm{MHz}$，以上公式可简化为

方式 1　　　　　　$N = 2^{16} - T$

方式 2、方式 3　　$N = 2^8 - T$

例如：系统的时钟频率是 12MHz，在方式 1 下，如果希望定时器/计数器 T0 的定时时间 T 为 10ms，则初值 $N = 2^{16} - T = 65536 - 10000 = 55536$

如何将 55536 给两个 8 位寄存器 TH0、TL0 赋值呢？可将十进制 55536 转换成 4 位十六进制数，将高 2 位赋予 TH0，低 2 位赋予 TL0。

$(55536)_{10} = (D8F0)_{16}$

然后用赋值语句完成对 TH0、TL0 的初值设置：

TH0 = 0xD8;

TL0 = 0xF0;

三、定时器的初始化

1）确定并设置工作方式——对 TMOD 赋值。

2）确定并设置定时器计数初值——直接将初值写入 TH1、TH0 或 TL1、TL0。

3）启动定时器——将 TR0 或 TR1 置"1"。

【例 4-1】小王在基于 51 单片机编程的过程中，需要用到定时器 T0 实现 5ms 的延时，设 $f_{osc} = 12\mathrm{MHz}$，请你帮他确定定时器 T0 的工作方式，并给出初始化程序。

【解】1. 分析要求，确定并设置工作方式。

$f_{osc} = 12\text{MHz}$，经 12 分频后，每个定时脉冲周期为 $1\mu s$。

5ms <= 8. 192ms

5ms <= 65. 536ms

显然定时器采用方式 0 和方式 1 均可，这里选方式 1。因此：

TMOD = 0x01

2. 确定并设置定时器计数初值——并写入 TH0、TL0。

X = 最大计数值 − 所需计数值

方式 1 最大初始值 M = 65536，延时时间 $5000\mu s$ 需要计数 5000 次。

$X = 65536 - 5000 = 60536 = \text{EC78H}$

TH0 = 0xEC；

TL0 = 0x78；

3. 启动定时器 T0

TR0 = 1；

【例 4-2】 利用定时器/计数器 T0 从 P2.0 输出周期为 1s 的方波，让发光二极管以 1Hz 闪烁，设晶振频率为 12MHz。

```
#include "reg51. h"
sbit L1 = P2^0;
unsigned char count;
void main()
{
    TMOD = 0x01;//0000 0001
    TH0 = (65536 - 50000)/256;      //高 8 位
    TL0 = (65536 - 50000)% 256;     //低 8 位
    EA = 1;   //总中断
    ET0 = 1;//T0 中断
    TR0 = 1;   //启动 T0
    while(1);
}
void timer0() interrupt 1
{
    TH0 = (65536 - 50000)/256;      //高 8 位
    TL0 = (65536 - 50000)% 256;     //低 8 位
    count++;
    if(count ==10)
    {
        count = 0;
        L1 = ~ L1;
    }
}
```

请读者思考：如果用定时器/计数器 T1 在方式 2 编程，实现从 P2.0 输出周期为 1s 的方波。程序如何修改？程序可以修改为：

```
void main()
{
    TMOD = 0x20;                         //定时器 T1 工作在方式 2
```

```
    TH1 = 0x06;
    TL1 = 0x06;
    TR1 = 1;                          //启动定时器 T1
    EA = 1;                           //总中断
    ET1 = 1;                          //定时器 T1
    while (1);
}
void time1 () interrupt3
{
    i++;
    if (i == 2000)    //500 000 = 250 * 2000
    {
        i = 0;
        D1 = ~ D1;
    }
}
```

【例 4-3】利用定时器/计数器 T1 产生定时时钟，由 P1 口控制 8 个发光二极管，使它们依次一个一个闪动，闪动频率为 10 次/s（8 个发光二极管依次亮一遍为一个周期，每个灯亮 100ms，亮一遍用时 800ms）。

```
//定时器 T1,方式 1。定时时间 800ms
#include "reg51. h"
unsigned char code table[] = {0xfe,0xfd,0xfb,0xf7,0xef,0xdf,0xbf,0x7f};
unsigned char count,i;
void main ()
{
    TMOD = 0x10;                      //0001 0000 定时器 T1,方式 1
    TH1 = (65536 - 50000)/256;        //高 8 位
    TL1 = (65536 - 50000)% 256;       //低 8 位
    EA = 1;                           //总中断
    ET1 = 1;                          //T0 中断
    TR1 = 1;                          //启动 T0
    while (1)
    {
        if (count == 2)
        {
            count = 0;
            P2 = table[i];
            i++;
            if (i == 8)
                i = 0;
        }
    }
}
void timer1 () interrupt 3
{
    TH1 = (65536 - 50000)/256;        //高 8 位
    TL1 = (65536 - 50000)% 256;       //低 8 位
    count++;
}
```

【任务实施】

一、任务目的

1）理解单片机定时器的结构及功能。

2）熟悉单片机定时器相关特殊功能寄存器及编程方法。

3）掌握定时器初始化方法。

4）掌握定时器中断服务程序的编写方法。

二、软件及元器件

1）STC – ISP 下载软件。

2）Keil μVision 4。

3）下载线。

4）单片机实验板。

5）Proteus 7.7。

三、内容与步骤

1）在 Proteus 中绘制原理图，如图 4-2 所示。

2）在 Keil μVision 4 中，使用定时中断编写程序实现流水灯，要求每 500ms 切换一个灯。

3）在 Proteus 中实现仿真。

4）将程序下载到实验板中完成验证。

【任务评价】

1）分组汇报流水灯程序的设计方法，演示实验效果，并回答相关问题。

2）填写任务评价表，见表 4-9。

表 4-9 任务评价表

	评价内容	评价标准	分值	学生自评	小组互评	教师评价
知识目标	单片机定时中断的概念	掌握定时中断的概念				
	定时中断的初始化	掌握单片机定时中断初始化方法				
	定时中断服务程序	掌握单片机定时中断服务程序结构				
	定时器相关 SFR	掌握定时器 SFR 的编程方法				
技能目标	能够编写定时中断服务程序	掌握定时中断服务程序的设计方法				
	能够编写定时中断的初始化函数	掌握定时中断初始化函数的设计方法				
	安全操作	安全用电、遵守规章制度				
	现场管理	按企业要求进行现场管理				

【任务总结】

本任务我们利用定时中断重新实现了流水灯。在后续课程里，我们将会进一步讨论如何利用定时中断实现一个最高 99s 的码表。

拓 展 任 务

用定时器以间隔500ms在4位数码管上循环显示0、1、2、3、…、C、D、E、F。

```
//定时器 T0,方式 1,共阳极数码管显示 0 ~ F
#include "reg51. h"
#include "intrins. h"
unsigned char table1[] = {0xc0,0xf9,0xa4,0xb0,0x99,0x92,0x82,0xf8,
                          0x80,0x90,0x88,0x83,0xc6,0xa1,0x86,0x8e};
                          //表:共阳极数码管 0 ~ 9、A ~ F 的字形码
unsigned char table2[] = {0xfe,0xfd,0xfb,0xf7};
unsigned char count,a = 0,b = 0;
void main()
{
    TMOD = 0x01;                 //0001 0000 定时器 T1,方式 1
    TH0 = (65536 - 50000)/256;   //高 8 位
    TL0 = (65536 - 50000)% 256;  //低 8 位
    EA = 1;                      //总中断
    ET0 = 1;                     //T0 中断
    TR0 = 1;                     //启动 T0
    while(1)
    {
        if(count ==10)
        {
            count = 0;
            P0 = table1[a];
            P1 = table2[b];
            a++;
            b++;
            if(a ==16)
                a = 0;
            if(b ==4)
                b = 0;
        }
    }
}
void timer0() interrupt 1
{
    TH0 = (65536 - 50000)/256;  //高 8 位
    TL0 = (65536 - 50000)% 256; //低 8 位
    count++;
}
```

任务三 99s 码表设计与实现

【任务导入】

在上一任务中我们实现硬件定时的流水灯,并注意到与软件定时相比,定时精度明显提高。本节我们利用硬件定时的高精度特性实现一个码表。

【任务分析】

利用定时器设计一码表，开始时数码管显示"00"，第一次按下按键时计时开始，第二次按下按键时计时停止，第三次按下按键时清零，数码管显示"00"。

【任务实施】

一、任务目的

1) 进一步理解硬件定时器高精度的特点。

2) 了解提高定时精度的方法。

3) 提高综合运用已有单片机知识的能力。

二、软件及元器件

1) STC–ISP 下载软件。

2) Keil μVision 4。

3) 下载线。

4) 单片机实验板。

5) Proteus 7.7。

三、内容与步骤

1. 绘制原理图

如图 4-4 所示，在 Proteus 中绘制原理图。

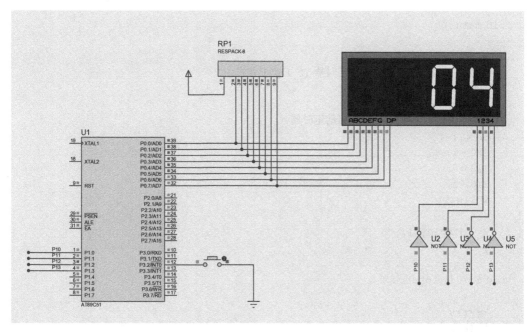

图 4-4   99s 码表原理图

2. 99s 码表软件的设计

设计思路：

a. 开发板上晶振为 12MHz，我们设定时器 T0 工作于方式 1，赋值为 50000，即 TH0 = (65536 − 50000)/256 和 TL0 = (65536 − 50000)%256。

b. 按键 key 用一键多功能 switch − case 语句实现。

```c
#include "reg51.h"
#define uint unsigned int
#define uchar unsigned char
uchar code table[] = {0xc0,0xf9,0xa4,0xb0,0x99,0x92,0x82,0xf8,0x80,0x90};
            //显示共阳极数码管 0~9 的字形码
uchar da;   //显示的数据
uint tt;
uchar key;
sbit SMG_s = P1^2;
sbit SMG_g = P1^3;
void display();
void delay();
void display()
{
    SMG_s = 0;              //选中十位
    P0 = table[da/10];
    delay();
    SMG_s = 1;
    SMG_g = 0;             //选中个位
    P0 = table[da%10];
    delay();
    SMG_g = 1;
}
void main()
{
    da = 0;
    TMOD = 0x02;            //定时器 T0 工作于方式 2
    TH0 = 0x06;
    TL0 = 0x06;
    TR0 = 0;               //启动定时器
    EA = 1;
    EX0 = 1;
    IT0 = 0;
    ET0 = 1;
    while(1)
    {
        display();
    }
}
void int0() interrupt 0
{
    key++;
    if(key == 3)
    key = 0;
```

```
switch (key)
    {
        case 0:{TR0 =0;da =0;}break;      //清零
        case 1:TR0 =1;break;              //启动定时器
        case 2:TR0 =0;break;              //定时器暂停
    }
}

void timer0 () interrupt 1
{
    tt++;
    if(tt ==4000)                         //250μs* 4000 =1s
    {
        tt =0;
        da++;
        if(da >99)
            da =0;
    }
}
void delay ()
{
    unsigned char i =200;
    while(i--);
}
```

c. 在 Proteus 中实现仿真。

d. 将程序下载到实验板中完成验证。

e. 根据运行情况调整 THx、TLx，提高定时精度。

【任务评价】

1. 分组汇报码表程序的设计方法，演示实验效果，并回答相关问题。

2. 填写任务评价表，见表4-10。

表4-10　任务评价表

	评价内容	评价标准	分值	学生自评	小组互评	教师评价
知识目标	单片机定时器相关寄存器	掌握定时器使用方法				
	定时器误差分析	掌握单片机硬件定时器误差来源及解决方法				
	按键捕捉及消抖	掌握按键捕捉及消抖方法				
	产品验证的方法	掌握原型系统验证的方法，并进行误差分析				
技能目标	能够综合运用已有知识编写较复杂程序	掌握较复杂程序的设计方法				
	安全操作	安全用电、遵守规章制度				
	现场管理	按企业要求进行现场管理				

【任务总结】

本任务利用定时中断完成了码表的设计，最大定时为99s。如何得到更长的定时呢？在后续课程里，我们将会进一步讨论如何利用定时中断实现一个功能完整的电子时钟。

拓 展 任 务

为了提高精度，可以令定时器T0工作于方式2，定时时间为250μs，4000次溢出中断正好满1s。

设置按键直接和外部中断0的输入端连接，每次按键产生中断请求，程序中设置一个变量，对按键动作进行计数，取值为1~3，分别对应于启动、停止和清0。

修改程序如下：

```
//主函数,C语言的入口函数:
void main()
{
    tt=0;
    TMOD=0X02;                    //设置定时器T1工作于方式1
    TH0=0x06;                     //给计数寄存器赋值,250μs
    TL0=0x06;
    EA=1;                         //开启总中断
    EX0=1;
    IT0=1;
    ET0=1;                        //开启定时器T0中断
    TR0=0;                        //启动定时器T0            //初始化中断控制寄存器
    while(1)
    {
        display();                //显示变量内容
    }
}


//中断函数,关键字"interrupt"
void int0() interrupt 0
{
    key++;
    if(key==3)
    key=0;
    switch(key)
        {
            case 0:{TR0=0;da=0;}break; //清零
            case 1:TR0=1;break;        //启动定时器
            case 2:TR0=0;break;        //定时器暂停
        }
}
void timer() interrupt 1
{
    tt++;                             //250μs加1
    if(tt==4000)
        {                             //250μs加1,加4000次为一秒
```

```
        tt =0;
        da++;                               //计数变量加 1
        if(da ==100)
        {                                   //99s 后清 0
            da =0;
        }
    }
}
```

思考与练习

如何将秒表的范围改为 0~999.9s?

提示: 可以增加带数组点 0~9 的数组:

```
uchar code table1[] = {0x40,0x79,0x24,0x30,0x19,0x12,0x02,0x78,0x00,0x10};//带
小数点,显示共阳极数码管 0~9 字形码
P0 = table1[da% 100/10];
```

任务四　电子时钟的设计与实现

【任务导入】

在上一个任务中,我们完成了最长定时 99s 的码表设计,下面将在上一任务的基础上实现一个功能完整的电子时钟。

【任务分析】

设计一个 24h 进制电子钟,用 4 位 LED 显示器显示当前时、分;时、分之间用闪烁的"."分隔。开机时显示 15.10,小数点以秒钟频率闪动。按下 S1 对"时"进行调整,每按一下时加 1;按下 S2 对"分"进行调整,每按一下分钟加 1。

【任务实施】

一、任务目的

1) 进一步理解硬件定时器高精度的特点。
2) 了解提高定时精度的方法。
3) 提高综合运用已有单片机知识的能力。

二、软件及元器件

1) STC - ISP 下载软件。
2) Keil μVision 4。
3) 下载线。
4) 单片机实验板。
5) Proteus 7.7。

三、内容与步骤

1）原理图绘制。

在 Proteus 绘制原理图，如图 4-5 所示。

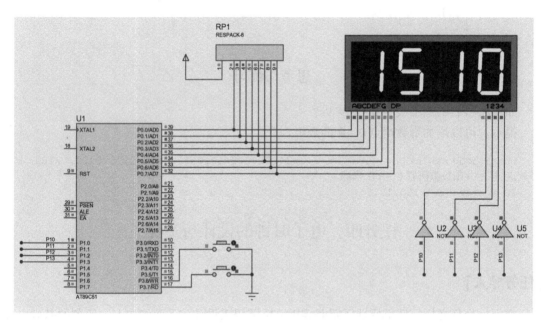

图 4-5　电子钟原理图

2）程序编写。

```c
//头文件:
#include "reg51.h"
//变量定义:
unsigned char table[] = {0xc0,0xf9,0xa4,0xb0,0x99,0x92,0x82,0xf8,0x80,0x90};
//表:共阳极数码管 0~9 字形码
unsigned char ly_tt = 0;                //作为计数时间量
unsigned char ly_miao = 0;              //秒
unsigned char ly_fen = 58;              //分
unsigned char ly_shi = 12;              //时
//引脚定义:
sbit SMG_q = P1^0;                      //定义数码管阳极控制脚(千位)
sbit SMG_b = P1^1;                      //定义数码管阳极控制脚(百位)
sbit SMG_s = P1^2;                      //定义数码管阳极控制脚(十位)
sbit SMG_g = P1^3;                      //定义数码管阳极控制脚(个位)
sbit s1 = P3^6;
sbit s2 = P3^7;
//函数声明:
void display(unsigned char shi,unsigned char fen);//定义显示函数,参数为显示时分
void delay(void);
void init();                            //初始化函数
void keyscan();
//主函数,C语言的入口函数:
void main()
```

```c
{
    init();                              //初始化中断控制寄存器
    while(1)
    {
        if(ly_tt ==20){                  //20 * 50ms 为 1s
            ly_tt =0;
            ly_miao++;
            if(ly_miao ==60){
                ly_miao =0;
                ly_fen++;
                if(ly_fen ==60){         //满 60min 清 0
                    ly_fen =0;
                    ly_shi++;
                    if(ly_shi ==24)      //满 24h 清 0
                        ly_shi =0;
                }
            }
        }
        display(ly_shi,ly_fen);          //显示变量内容
        keyscan();
    }
}
//初始化函数
void init()
{
    ly_tt =0;
    TMOD =0X01;                          //设置定时器 T1 工作于方式 1
    TH0 =(65536 -50000)/256;             //给计数寄存器赋值,50ms
    TL0 =(65536 -50000)% 256;
    EA =1;                               //开启总中断
    ET0 =1;                              //开启定时器 T0 中断
    TR0 =1;                              //启动定时器
}
//中断函数,关键字"interrupt",这是 C 语言的中断函数表示法,1 表示定时器 T0 中断
void timer() interrupt 1
{
    TH0 =(65536 -50000)/256;             //重新赋值
    TL0 =(65536 -50000)% 256;
    ly_tt++;                             //50ms 计数
}
//显示函数,参数为显示内容,只显示两位数
void display(unsigned char shi,unsigned char fen)
{
    SMG_q =0;                            //选择千位数码管,在这里显示的是小时的十位
    P0 =table[shi/10];
    delay();
    P0 =0xff;
    SMG_q =1;
    SMG_b =0;                            //选择百位数码管,在这里显示的是小时的个位
    P0 =table[shi% 10];
    if(ly_tt > =10)
```

```
        P0&=0x7f;                          //小数点以半秒的时间闪烁
        delay();
        P0=0xff;
        SMG_b=1;
        SMG_s=0;                           //选择十位数码管,在这里显示的是分的十位
        P0=table[fen/10];
        delay();
        P0=0xff;
        SMG_s=1;
        SMG_g=0;                           //选择个位数码管,在这里显示的是分的个位
        P0=table[fen%10];
        delay();
        P0=0xff;
        SMG_g=1;
}
//延时子函数,短暂延时
void delay(void){
        unsigned char i=10;
        while(i--);
}


void keyscan()
{
    if(s1==0)
        {
            delay();
            if(s1==0)
                {
                    ly_shi++;
                    if(ly_shi==24)
                        ly_shi=0;
                    while(!s1)
                    {
                        display(ly_shi,ly_fen);
                    }
                }
        }               if(s2==0)
        {
            delay();
            if(s2==0)
                {
                    ly_fen++;
                    if(ly_fen==60)
                        ly_fen=0;
                    while(!s2)
                    {
                        display(ly_shi,ly_fen);
                    }
                }
        }
}
```

3）在 Proteus 中实现仿真。

4）将程序下载到实验板中完成验证。

5）根据运行情况调整 THx、TLx，提高定时精度。

【任务评价】

1）分组汇报电子钟程序的设计方法，演示实验效果，并回答相关问题。

2）填写任务评价表，见表 4-11。

表 4-11　任务评价表

	评价内容	评价标准	分值	学生自评	小组互评	教师评价
知识目标	单片机定时器相关寄存器	掌握定时器使用方法				
	定时器误差分析	掌握单片机硬件定时器误差来源及解决方法				
	按键捕捉及消抖	掌握按键捕捉及消抖方法				
	产品验证的方法	掌握原型系统验证的方法，并进行误差分析				
技能目标	能够综合运用已有知识编写较复杂程序	掌握较复杂程序的设计方法				
	安全操作	安全用电、遵守规章制度				
	现场管理	按企业要求进行现场管理				

【任务总结】

本任务利用定时中断完成了电子时钟的设计，可以完成时、分、秒的设置。通过这个任务，我们也已经学会了比较复杂的单片机程序的设计及调试方法。在后续课程里将讨论单片机如何与外围器件如串行口、LCD、外接传感器等协同工作。

拓 展 任 务

设计一个电子钟，用 4 位 LED 显示器显示当前时、分，时、分之间用闪烁的"."分隔。具有调整时间、设置闹铃、整点报时功能。

项目五

串行口通信

项目描述：

在工业生产上，需要将不同的设备互联。在技术上有多种互联方法，如：CAN 总线、USB 总线、485 总线、802.x 等。串行通信接口由于其稳定性和可靠性在电子设备中得到了广泛应用。本项目通过单片机与 PC 通信以及单片机双机通信阐述串行通信的基本原理及应用。

知识目标：

1）掌握单片机串行通信的原理。
2）了解单片机串行通信的内部结构。
3）掌握串行口的工作方式及相关特殊功能寄存器。
4）掌握串行口初始化、中断服务程序的设计。

能力目标：

1）能用定时器产生指定的波特率。
2）能用串行口收发数据。
3）能用查询方式编写串行口发送和接收程序。
4）能用中断方式实现串行口通信。

教学重点：

1）单片机的串行口中断及相关寄存器。
2）串行口工作方式及初始化。
3）波特率发生器设置。
4）串行口中断服务程序的设计。

教学难点：

1）串行口初始化程序编写。
2）串行口中断函数的编写。

任务一 认识串行通信

【任务导入】

通过前面的几个项目，我们已经可以利用单片机内部资源完成一些简单的工作。从本节开始，将会讨论如何利用单片机外围设备完成较复杂的工作。

【任务分析】

通过认识 51 单片机串行口的结构与应用，掌握串行通信的工作方式。

【知识链接】

一、概述

MCS-51 单片机内部有一个全双工的串行接口，在物理结构上是由独立的接收和发送数据缓冲器（SBUF）组成，可同时发送、接收数据。

51 单片机的通信方式有两种：其一是并行通信方式，数据的各位同时发送或接收；其二是串行通信，数据一位一位顺序发送或接收。如图 5-1 所示。

1. 串行通信方式

51 系列单片机串行通信有两种方式：第一种是同步通信方式；第二种是异步通信方式。

在同步通信方式中，接收方和发送方共享共同的时钟，每个时钟发送或接收一位数据。同步通信方式速度较快，但硬件较复杂。

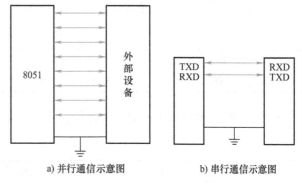

a) 并行通信示意图   b) 串行通信示意图

图 5-1　51 单片机通信方式

异步通信是按字符（帧）传输的，每传输一个字符（帧）就用起始位来实现收、发双方的同步，每个字符（帧）内部各位均采用固定的时间间隔，而字符（帧）与字符（帧）之间的间隔是随机的。这种传输方式利用每一帧的起、止信号来建立发送与接收之间的同步。异步通信方式的特点是：接收机完全靠每一帧的起始位和停止位来识别字符是正在进行传输还是传输结束。在一帧格式中，包括一个起始位 0、8 个数据位，1 个奇偶校验位（可以省略）和一个停止位 1。其中数据位，规定低位在前，高位在后。

从上述讨论可见：采用异步串行方式通信的不同设备之间至少满足两个条件才能正常通信。第一个条件是采用相同的字符（帧）格式；第二个条件是采用相同的发送和接收速率即波特率。字符（帧）格式相同，通信双方才能够在对同一个 0 和 1 序列的字符串有相同的理解。波特率相同，接收方才不会多收或少收数据位，导致通信不正常。

波特率：即数据传送和接收的速率，其定义是每秒传送的二进制数的位数，单位为位/s。例如，数据传送的速率是 120 字符/s，即每秒传送 120 个字符，而每个字符包含 10 个数据位，则传送波特率为 10 位/字符×120 字符/s=1200 位/s。

在串行通信中，把通信接口只能发送或接收的单向传送方法叫单工传送；而把数据在甲乙两机之间的双向传递，称之为双工传送。在双工传送方式中又分为半双工传送和全双工传送。半双工传送是两机之间不能同时进行发送和接收，任一时刻，只能发送或者只能接收信息。而全双工传送则发送和接收可同时进行。

2. 8051 单片机的串行接口结构

8051 串行接口是一个可编程的全双工串行通信接口。它可以异步通信方式（UART），与串行传送信息的外部设备相连接，或通过标准异步通信协议进行全双工的 8051 多机系统通信；也可以通过同步方式，使用 TTL 或 CMOS 移位寄存器来扩充 I/O 口。

8051 单片机通过引脚 RXD（P3.0，串行数据接收端）和引脚 TXD（P3.1，串行数据发送端）与外界通信。SBUF 是串行口缓冲寄存器，包括发送寄存器和接收寄存器。它们有相同名字和地址空间，但不会发生冲突，因为它们两个一个只能被 CPU 读出数据，一个只能被 CPU 写入数据，可对 SBUF 直接进行读/写。

串行口的控制通过设置专用的特殊功能寄存器如 SCON、PCON 来完成。

串行口控制寄存器 SCON：它用于定义串行口的工作方式及实施接收和发送控制。字节地址为 98H，其各位定义见表 5-1。

表 5-1 SCON 格式

位序号	D7	D6	D5	D4	D3	D2	D1	D0
位符号	SM0	SM1	SM2	REN	TB8	RB8	TI	RI

SM0、SM1：串行口工作方式选择位，其定义见表 5-2，其中 f_{osc} 为晶振频率。

表 5-2 串行口工作方式

SM0、SM1	工作方式	功能描述	波特率
0 0	方式 0	8 位移位寄存器	$f_{osc}/12$
0 1	方式 1	10 位 UART	可变
1 0	方式 2	11 位 UART	$f_{osc}/64$ 或 $f_{osc}/32$
1 1	方式 3	11 位 UART	可变

SM2：多机通信控制位。在方式 0 时，SM2 一定要等于 0。在方式 1 中，当 SM2=1 则只有接收到有效停止位时，RI 才置 1。在方式 2 或方式 3 中，当 SM2=1 且接收到的第九位数据 RB8=0 时，RI 才置 1。

REN：接收允许控制位。软件置位以允许接收，软件清 0 则禁止接收。

TB8：在方式 2 或方式 3 中，它是要发送的第 9 位数据位，可根据需要由软件置 1 或清 0。例如，可约定作为奇偶校验位，或在多机通信中作为区别地址帧或数据帧的标志位。

RB8：接收到的数据的第 9 位。在方式 0 中不使用 RB8。在方式 1 中，若 SM2=0，则 RB8 为接收到的停止位。在方式 2 或方式 3 中，RB8 为接收到的第 9 位数据。

TI：发送中断标志位。在方式 0 中，第 8 位发送结束时，由硬件置位。在其他方式的发送停止位前，由硬件置位。TI 置位既表示一帧信息发送结束，同时也是申请中断，可根据需要用软件查询的方法获得数据已发送完毕的信息，或用中断的方式来发送下一个数据。TI 必须用软件清 0。

RI：接收中断标志位。在方式 0，当接收完第 8 位数据后，由硬件置位。在其他方式中，在接收到停止位时由硬件置位（例外情况见 SM2 的说明）。RI 置位表示一帧数据接收完毕，可用查询的方法获知或者用中断的方法获知。RI 也必须用软件清 0。

特殊功能寄存器 PCON：PCON 是为了在 CHMOS 的 80C51 单片机上实现电源控制而附加的。其中最高位是 SMOD，为串行口波特率系数控制位，SMOD = 1 时，使波特率加倍。

3. 串行口的工作方式

8051 单片机的全双工串行口可编程为 4 种工作方式，现分述如下：

1）方式 0 为移位寄存器输入/输出方式。可外接移位寄存器以扩展 I/O 口，也可以外接同步输入/输出设备。8 位串行数据从 RXD 输入或输出，TXD 用来输出同步脉冲。

输出：串行数据从 RXD 引脚输出，TXD 引脚输出移位脉冲。CPU 将数据写入发送寄存器时，立即启动发送，将 8 位数据以 $f_{osc}/12$ 的固定波特率从 RXD 输出，低位在前，高位在后。发送完一帧数据后，发送中断标志位 TI 由硬件置位。

输入：当串行口以方式 0 接收时，先置位允许接收控制位 REN。此时，RXD 为串行数据输入端，TXD 仍为同步脉冲移位输出端。当 RI = 0 和 REN = 1 同时满足时，开始接收。当接收到第 8 位数据时，将数据移入接收寄存器，并由硬件置位 RI。

图 5-2 是方式 0 扩展输出和输入的原理图。图 5-2a 通常用于 LED 七段数码管显示；图 5-2b 将并行输入转换为串行输入，可用于 I/O 口数量不足时扩展 I/O 口。

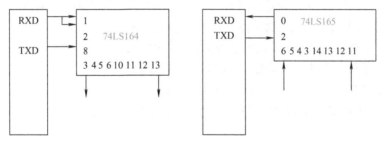

a) 输出扩展，常用于 LED 七段数码管显示　　　b) 输入接口转换，并行转串行

图 5-2 方式 0 扩展输出、输入

2）方式 1 为波特率可变的 10 位异步通信接口方式。发送或接收一帧信息，包括 1 个起始位 0，8 个数据位和 1 个停止位 1。

输出：当 CPU 执行一条指令将数据写入发送缓冲寄存器 SBUF 时，就启动发送。串行数据从 TXD 引脚输出，发送完一帧数据后，由硬件置位 TI。

输入：在 REN = 1 时，串行口采样 RXD 引脚，当采样到 1 至 0 的跳变时，确认是开始位 0，就开始接收一帧数据。只有当 RI = 0 且停止位为 1 或者 SM2 = 0 时，停止位才进入 RB8，8 位数据才能进入接收寄存器，并由硬件置位中断标志 RI；否则信息丢失。所以在方式 1 接收时，应先用软件清零 RI 和 SM2。

3）方式 2 为固定波特率的 11 位 UART 方式。它比方式 1 增加了第 9 位数据。

输出：发送的串行数据由 TXD 端输出一帧信息为 11 位，附加的第 9 位来自 SCON 的 TB8 位，用软件置位或复位。它可作为多机通信中地址/数据信息的标志位，也可以作为数据的奇偶校验位。当 CPU 执行一条数据写入 SUBF 的指令时，就启动发送器发送。发送一帧信息后，置位中断标志 TI。

输入：在 REN = 1 时，串行口采样 RXD 引脚，当采样到 1 至 0 的跳变时，确认是开始位 0，就开始接收一帧数据。在接收到附加的第 9 位数据后，当 RI = 0 或者 SM2 = 0 时，第 9 位数据才进入 RB8，8 位数据才能进入接收寄存器，并由硬件置位中断标志 RI；否则信息丢失。

4）方式 3 为波特率可变的 11 位 UART 方式。除波特率外，其余与方式 2 相同。

4. 波特率选择

如前所述，在串行通信中，收发双方的数据传送率（波特率）应相同。在 8051 串行口的四种工作方式中，方式 0 和方式 2 的波特率是固定的，而方式 1 和方式 3 的波特率是可变的，由定时器 T1 的溢出率控制。

方式 0 的波特率固定为时钟频率的 1/12。

方式 2 的波特率由 PCON 中的选择位 SMOD 来决定，可由下式表示：

$$波特率 = f_{osc} \times 2^{SMOD-6}$$

方式 1 和方式 3 中使用定时器 T1 作为波特率发生器，其公式如下：

$$波特率 = 定时器 T1 溢出率$$

$$T1 溢出率 = T1 计数率/产生溢出所需的周期数$$

式中，T1 计数率取决于它工作在定时器状态还是计数器状态。当工作于定时器状态时，T1 计数率为 $f_{osc}/12$；当工作于计数器状态时，T1 计数率为外部输入频率，此频率应小于 $f_{osc}/24$。产生溢出所需周期与定时器 T1 的工作方式、T1 预置值有关。

定时器 T1 工作于方式 0：溢出所需周期数 = 8192 − x

定时器 T1 工作于方式 1：溢出所需周期数 = 65536 − x

定时器 T1 工作于方式 2：溢出所需周期数 = 256 − x

因为方式 2 为自动重装载的 8 位定时器/计数器模式，所以用它来做波特率发生器最恰当。

当时钟频率选用 11.0592MHz 时，取易获得标准的波特率，所以很多单片机系统选用这个看起来"怪"的晶振。

表 5-3 列出了定时器 T1 工作于方式 2 常用波特率及初值。

表 5-3　$f_{osc} = 11.0592MHz$ 时，波特率、定时器 T1 初值列表

常用波特率	f_{osc}/MHz	SMOD	TH1 初值
19200	11.0592	1	FDH
9600	11.0592	0	FDH
4800	11.0592	0	FAH
2400	11.0592	0	F4H
1200	11.0592	0	E8H

二、串行口的初始化

使用串行口前必须对其初始化，具体步骤如下：

1）通过设置 TMOD，确定定时器 T1 的工作方式。

2）设定定时器 T1 的初始值，并装入 TH1、TL1。

3）将 TCON 中 TR1 置位，启动定时器/计数器 T1。

4）通过设置 SCON，确定串行口的工作方式。

5）串行口工作在中断方式时，需要置位总中断允许位和串行口中断允许位，通过设置 IE 来完成。

【例 5-1】当波特率为 9600bit/s，SMOD = 0 时，x = -3；对应的 T1 初始化程序如下：

```
TMOD = 0X20;             //定时器 T1 工作于方式 2
TH1 = 0xfd;              //装入计数初值
TL1 = 0xfd;
TR1 = 1;
PCON = PCON&0x7f;        //SMOD 清 0
```

【任务实施】

一、任务目的

1）了解串行通信在工业中的应用情况。

2）了解串行通信相关参数的意义。

3）了解单片机串行口相关 SFR 的作用。

二、软件及元器件

1）STC - ISP 下载软件。

2）Keil μVision 4。

3）下载线。

4）单片机实验板。

5）Proteus 7.7。

三、内容与步骤

1）上网搜索串行口在工业生产中应用的案例。

2）讨论串行口参数的意义。

3）在 KeilμVision 4 中编写串行口的初始化程序，并插入到老师提供的模板中，验证初始化程序是否正确。

【任务评价】

1）分组汇报串行口在工业上的应用情况及串行口初始化程序设计方法，演示实验效果，并回答相关问题。

2）填写任务评价表，见表 5-4。

表5-4 任务评价表

	评价内容	评价标准	分值	学生自评	小组互评	教师评价
知识目标	单片机串行通信的概念	掌握单片机串行通信的概念				
	串行口初始化	掌握串行口初始化方法				
	串行口在工业上的应用	了解串行口的应用				
	串行口相关 SFR	掌握串行口相关 SFR 的编程方法				
技能目标	能够编写串行口初始化子程序	掌握串行口初始化程序的设计方法				
	安全操作	安全用电、遵守规章制度				
	现场管理	按企业要求进行现场管理				

【任务总结】

串行口在工业领域，由于其优越的抗干扰特性得到了广泛的应用。

任务二 单片机与 PC 通信

【任务导入】

在上一任务中了解到串行通信在工业中的广泛应用，以及串行口初始化的方法。在工业应用中，一般是基于 PC 的上位机与基于单片机的下位机通过串行口进行通信。本任务将讨论如何通过串行口与 PC 通信。

【任务分析】

通过串行口调试助手，用中断或查询的方式完成单片机与 PC 通信。

【知识链接】

STC - ISP 集成了一款小巧的串行口调试工具——串行口助手，单击"串口助手"选项卡，即可切换到串行口助手用户界面，如图 5-3 所示。

串行口设置：根据实验板需要对软件进行串行口参数设置，选择串行口号、波特率，勾选"编程完成后自动打开串口"，这样可以在程序下载到单片机后能自动打开串行口，监视串行口数据。

接收缓冲区设置：对 PC 接收区进行设置，如要求以 16 进制格式显示接收到的数据，则选择"HEX 模式"；如要求以文本形式显示输入数据，则选择"文本模式"。

发送缓冲区设置：对 PC 发送缓冲区进行设置，如要求输入数据为 16 进制格式，则选择"HEX 模式"；如要求输入数据为 ASCII 格式，则选择"文本模式"。发送窗口可以发送字符、数据等形式的数据。在进行调试时在发送窗口输入所要发送的数据，按"发送数据"按钮就可以将数据发送出去了，如果在程序中设置了输入返回，在发送时接收窗口就会同时显示所发送的数据。

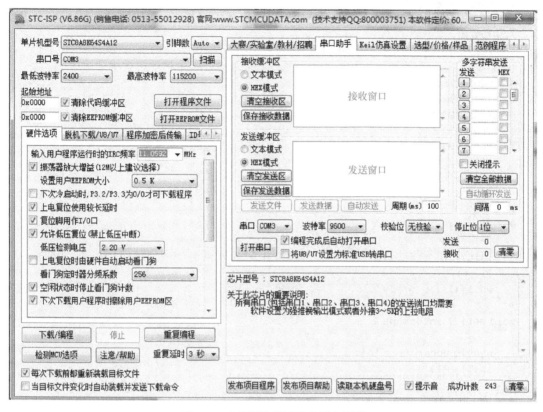

图 5-3　串行通信调试助手用户界面

【例 5-2】在 Proteus 环境下通过串行口将 26 个字母 A～Z 发送出去，已知单片机时钟频率为 11.0592MHz。要求采用串行口方式 1，波特率为 9600bit/s，仿真原理图如图 5-4 所示。

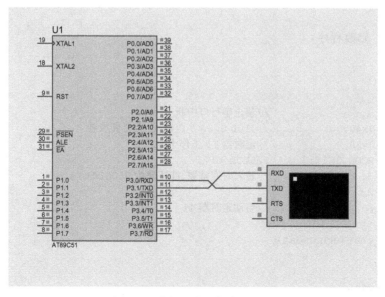

图 5-4　串行口发送仿真原理图

```c
#include "reg51.h"
#define uchar unsigned char
//中断方式
void init()
{
    SCON = 0x40;
    TMOD = 0x20;
    PCON = PCON&0x7f;
    TH1 = -3;
    TL1 = -3;
    TR1 = 1;
    EA = 1;
    ES = 1;
}
void main()
{
    init();
    TI = 1;
    while(1);
}
void seri() interrupt 4
{
    static uchar dat = 'A';
    if(TI == 1)
    {
        TI = 0;
        if(dat <= 'Z')
            SBUF = dat++;
        else
            return;
    }
}
```

查询方式，修改程序：

```c
//查询方式
void init()
{
    ES = 0;                 //禁止串行口中断
    SCON = 0x40;            //0100 0000 8位数据，无奇偶校验
    TMOD = 0x20;            //定时器 T1 工作于方式 2
    PCON = PCON&0x7f;       //SMOD = 0
    TH1 = -3;               //装入时间常数，波特率为 9600bit/s
    TL1 = -3;
    TR1 = 1;                //启动定时器 T1
}
void send_char(uchar dat)
{
    TI = 0;
    SBUF = dat;
    while(TI == 0);
}
```

```
void main()
{
    uchar c;
    init();
    for(c=0x41;c<0x58;c++)
        send_char(c);
    while(1);
}
```

程序运行结果如图 5-5 所示。

将程序下载到单片机实验板后，在接收窗口我们会看到同样的数据内容。

图 5-5　例 5-2 程序运行结果

【例 5-3】 编程从串行口接收来自虚拟终端的字符，再通过串行口发送出去。已知单片机时钟频率为 11.0592MHz。要求采用串行口方式 1，波特率为 9600bit/s。

```
#include "reg51.h"
#define uchar unsigned char
//中断方式
void init()
{
    SCON=0x50;              //0101 0000 8 位数据
    TMOD=0x20;             //定时器 T1 工作于方式 2
    PCON=PCON&0x7f;       //SMOD=0;
    TH1=-3;               //装入时间常数,波特率为 9600bit/s
    TL1=-3;
    TR1=1;               //启动定时器
    EA=1;                //开中断
    ES=1;                //允许串行口中断
}
void main()
{
    init();
    while(1);
}
void seri() interrupt 4
{
    uchar dat;
    if(RI==1)
    {
        RI=0;
        dat=SBUF;
        SBUF=dat;
    }
    else if(TI==1)
    {
        TI=0;
    }
}
```

查询方式，修改程序：

```
//查询方式
void init()
{
    SCON = 0x50;              //0101 0000 8位数据
    TMOD = 0x20;              //定时器T1工作于方式2
    PCON = PCON&0x7f;         //SMOD = 0;
    TH1 = -3;                 //装入时间常数,波特率为9600bit/s
    TL1 = -3;
    TR1 = 1;                  //启动定时器
}
void main()
{
    uchar dat;
    init();
    while(1)
    {
        while(RI ==0);
        RI = 0;
        dat = SBUF;
        SBUF = dat;
        while(TI ==0);
        TI = 0;
    }
}
```

程序运行结果如图5-6所示。我们同样可以将程序下载进实验板进行调试。

图5-6　例5-3程序运行结果

【任务实施】

一、任务目的

1) 掌握串行口控制的方法。
2) 理解串行口波特率。
3) 掌握波特率的设置方法。
4) 掌握通过串行口发送和接收数据的方法。

二、软件及元器件

1) STC – ISP下载软件。
2) Keil μVision 4。

3）下载线。

4）单片机实验板。

三、内容与步骤

1）在 Proteus 中绘制原理图，如图 5-4 所示。

2）在 Keil μVision 4 完成程序编写。

3）在 Proteus 中进行仿真。

4）将程序下载到实验板完成验证。

【任务评价】

1）分组汇报实现串行通信程序设计方法，通电演示电路功能，并回答相关问题。

2）填写任务评价表，见表 5-5。

表 5-5　任务评价表

评价内容		评价标准	分值	学生自评	小组互评	教师评价
知识目标	单片机串行通信的概念	掌握单片机串行通信的概念				
	串行口初始化	掌握串行口初始化方法				
	串行口在工业上的应用	了解串行口应用				
	串行口相关 SFR	掌握串行口相关 SFR 的编程方法				
技能目标	能够编写串行口程序与 PC 机实现通信	掌握串行口与 PC 通信程序的设计方法				
	安全操作	安全用电、遵守规章制度				
	现场管理	按企业要求进行现场管理				

【任务总结】

本任务实现了单片机与基于 PC 的上位机的通信，采用相同的办法可以与工控机进行通信。在后续课程里，我们将会进一步讨论如何实现单片机的双机通信。

任务三　单片机双机通信

【任务导入】

在工业生产中，除了需要与 PC 机进行通信，某些时候一种单片机系统也需要与另外一种单片机系统进行数据通信。串行口是实现单片机系统间通信最快捷的技术手段。

【任务分析】

采用两个单片机（A 机作为主机，B 机作为从机），主机通过按键控制从机信号灯动作，实现数据单向传送。按下 S1，VL1 灯亮；按下 S2，VL2 灯亮；按下 S3，VL3 灯亮。

【知识链接】

1. 双机通信连接图

如图 5-7 所示，两个单片机之间通过串行口通信，单片机 1 的 TXD 端连接到单片机 2 的 RXD 端；单片机 1 的 RXD 端连接到单片机 2 的 TXD 端。这是一种对等接法，即 2 台单片机都担任 DCE 的角色。

2. 串行口初始化

STC - ISP 软件集成了一款小巧的波特率计算器。单击

图 5-7 双机通信原理框图

"波特率计算器"选项卡即可切换到工具用户界面，如图 5-8 所示。我们可以按照如下步骤完成初始化代码的自动生成。

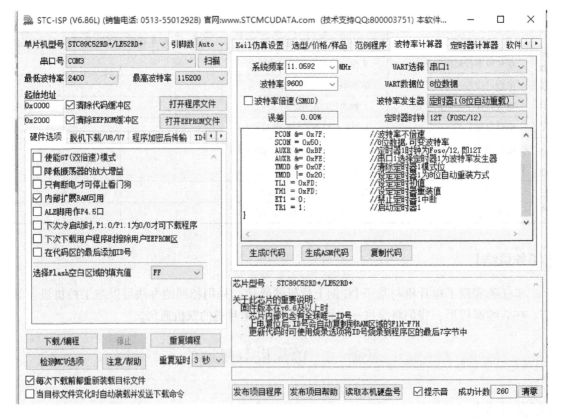

图 5-8 波特率计算器

1）选择"系统频率"，这里选用 11.0592MHz。
2）选择"UART 选择"，这里选择"串口 1"。
3）选择"波特率"，这里选择"9600"；
4）选择"UART 数据位"，这里选择"8 位数据"；
5）选择"波特率发生器"，这里选择"定时器 1（8 位自动重载）"；

6）选择"定时器时钟"，这里选择"12T（$f_{osc}/12$）"；

7）单击"生成 C 代码"按钮，然后单击"复制代码"。

以后我们就可以把步骤7）生成的代码粘贴在自己指定的地方了。

以下是自动生成的串行口初始化代码，我们可以直接使用，也可以修改后使用。

```
voidUartInit(void)              //9600bit/s@11.0592MHz
{
PCON &= 0x7f;                   //波特率不倍速
SCON = 0x50;                    //8 位数据,可变波特率
AUXR &= 0xbf;                   //定时器 1 时钟为 fosc/12,即 12T
AUXR &= 0xfe;                   //串行口 1 选择定时器 T1 为波特率发生器
TMOD &= 0x0f;                   //清除定时器 T1 模式位
TMOD |= 0x20;                   //设定定时器 T1 为 8 位自动重装方式
TL1 = 0xfd;                     //设定定时初值
TH1 = 0xfd;                     //设定定时器重装值
ET1 = 0;                       //禁止定时器 T1 中断
TR1 = 1;                       //启动定时器 T1
}
```

3. 收发程序的编写方法

1）编写收发程序时，发送端与接收端必须采用相同的波特率。然后根据波特率，对定时器 T1 进行初始化，设置控制寄存器 SCON，选择串行口工作于方式 1。

2）清除 TI、RI 标志。

3）将数据送入发送缓冲寄存器 SBUF。SBUF 中的数据发送完毕，硬件电路自动将 TI、RI 标志置 1。

如果还有数据要发送，重复 2）~3）。

【任务实施】

一、任务目的

1）理解单片机双机通信的方法。

2）熟悉单片机串行口相关 SFR 的编程方法。

3）能够编写较复杂的双主机程序。

4）掌握串行口中断服务程序的编写方法。

二、软件及元器件

1）STC - ISP 下载软件。

2）Keil μVision 4。

3）下载线。

4）单片机实验板。

5）Proteus 7. 7。

三、内容与步骤

1. 绘制原理图

如图 5-9 所示，在 Proteus 中绘制双机通信原理图。

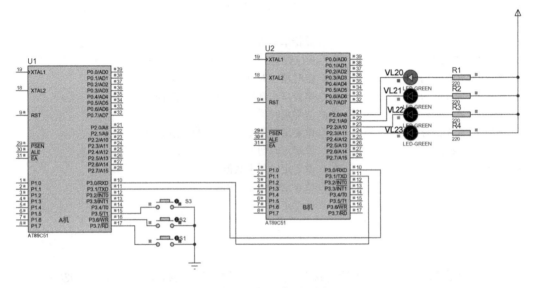

图 5-9　双机通信原理图

2. 程序编写

(1) 发送端源程序

```
#include "reg51. h"
#define uint unsigned int
#define uchar unsigned char
void main()
{
    TMOD = 0x20;
    TH1 = 0xe8;
    TL1 = 0xe8;
    TR1 = 1;
    SCON = 0x40;
    while(1)
    {
        SBUF = P3;
        while(! TI);
        TI = 0;
    }
}
```

(2) 接收端源程序

```
#include "reg51. h"
#define uint unsigned int
```

```
#define uchar unsigned char
void main()
{
    TMOD = 0x20;
    TH1 = 0xe8;
    TL1 = 0xe8;
    TR1 = 1;
    SCON = 0x50;
    while(1)
    {
        if(RI == 1)
            RI = 0;
        switch(SBUF)
        {
            case 0x7f:P2 = 0xfe;break;
            case 0xbf:P2 = 0xfd;break;
            case 0xdf:P2 = 0xfb;break;
        }
    }
}
```

3. 在 Proteus 中实现仿真

注意单片机 U1 配置发送端程序；单片机 U2 配置接收端程序。验证程序正确性。

4. 验证双机通信原理

两组同学合作，一台单片机担任发送端，另外一台担任接收端，将发送端和接收端的程序分别下载进单片机，验证双机通信原理。

【任务评价】

1）分组汇报实现双机通信的程序设计，通电演示电路功能，并回答相关问题。

2）填写任务评价表，见表 5-6。

表 5-6 任务评价表

评价内容		评价标准	分值	学生自评	小组互评	教师评价
知识目标	单片机串行中断服务程序	掌握单片机串行中断服务程序的编写方法				
	串行口初始化	掌握串行口初始化方法				
	双机通信的原理	掌握双机通信的原理				
	串行口相关 SFR	掌握串行口相关 SFR 的编程方法				
技能目标	能够编写串行口程序实现双机通信通信	掌握双机通信程序的设计方法				
	安全操作	安全用电、遵守规章制度				
	现场管理	按企业要求进行现场管理				

拓 展 任 务

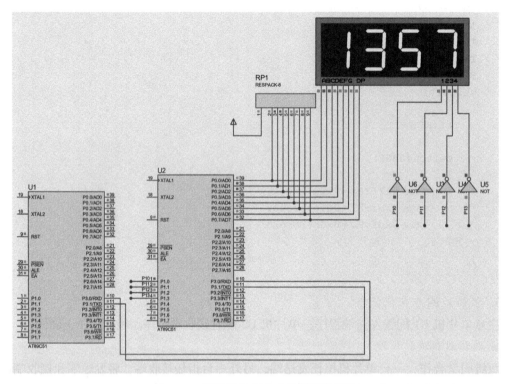

图 5-10　双机通信获取动态密码原理图

在银行业务系统中,为了提高柜员的登录安全和授权操作中的安全性,应用动态口令系统。我们通过单片机的双机通信可模拟动态密码的获取。假设单片机甲中存放的动态口令是1357,单片机甲发送动态口令给单片机乙,单片机乙接收到数据以后在 4 个数码管上显示接收到的数据。双机通信获取动态密码原理图如图 5-10 所示。

```
//功能:单片机甲发送数据程序
#include <reg51.h>
void main()          //主函数
{
  unsigned char i;
    unsigned char send[] ={1,3,5,7};   //定义要发送的数据,为了简化显示,发送数据为 0~9
    TMOD =0x20;     //定时器 T1 工作于方式 2
    TL1 =0xf4;      //波特率为 2400bit/s
    TH1 =0xf4;
    TR1 =1;
    SCON =0x40;     //定义串行口工作于方式 1
  for (i =0;i <4;i++)
  {
  SBUF =send[i]; // 发送第 i 个数据
  while(TI ==0); // 查询等待发送是否完成
  TI =0;         // 发送完成,TI 由软件清 0
  }
```

```
        while(1);
}
//功能:单片机乙接收及显示程序
#include <reg51.h>
code unsigned char tab[] = {0xc0,0xf9,0xa4,0xb0,0x99,0x92,0x82,0xf8,0x80,0x90};
                            //定义 0~9 显示字形码
unsigned char buffer[] = {0x00,0x00,0x00,0x00};//定义接收数据缓冲区
voiddisp(void);             //显示函数声明
void delay();
void main()                 //主函数
{
    unsigned char i;
    TMOD = 0x20;            //定时器 T1 工作于方式 2
    TL1 = 0xf4;            //波特率定义
    TH1 = 0xf4;
    TR1 = 1;
    SCON = 0x40;
    for(i = 0;i < 4;i++)
    {
        REN = 1;            //接收允许
        while(RI == 0);    //查询等待接收标志为 1,表示接收到数据
        buffer[i] = SBUF;//接收数据
        RI = 0;            //RI 由软件清 0
    }
    for(;;)disp();         //显示接收数据
}
//函数名:disp
//函数功能:在四个 LED 上显示 buffer 中的四个数
void disp()
{
    unsigned char temp,i;
    temp = 0xfe;
    for(i = 0;i < 4;i++)
    {
        P1 = temp;
        P0 = tab[buffer[i]];    // 送显示字形段码,buffer[i]作为数组分量的下标
        temp = temp <<1 |0x01;
        delay();
    }
}
void delay()
{
    unsigned int i;
    for(i = 0;i < 300;i++);
}
```

项目六

信息广告牌的设计

项目描述：

信息广告牌广泛用于政府、医院、企业等的信息发布。信息广告牌的类型很多，本项目主要介绍液晶显示屏（LCD）。LCD 广泛用于便携式电子产品中，不仅省电，还能显示大量的信息，如文字、曲线、图形等，较数码管的显示质量有很大提高。

知识目标：

1）了解 LCD 的显示特性。
2）掌握字符型液晶 LCD1602 的显示特性与控制特性。
3）掌握图形液晶 LCD12864 的显示特性与控制特性。

能力目标：

1）能设计 LCD1602 与单片机的接口电路。
2）能编写 LCD1602 驱动程序。
3）能设计 LCD12864 与单片机的接口电路。
4）能编写 LCD1286 驱动程序。

教学重点：

1）掌握单片机液晶接口电路的设计。
2）掌握液晶的驱动程序的编写。

教学难点：

1）液晶的接口电路设计。
2）液晶的驱动程序的编写。

任务一　液晶显示牌设计

【任务导入】

在项目三中介绍了七段数码管显示方法，但是七段数码管有功耗大的劣势，在低功耗的领域广泛使用的是 LCD。LCD1602 是一种常见的 LCD 显示器件，广泛应用在小型仪器仪表上。本任务将讨论 LCD1602 的使用方法。

【任务分析】

在 LCD1602 上显示简单的信息，要求分两行显示，第一行显示：LCD testing…；第二行显示："Easy learning it."。

【知识链接】

一、液晶知识基础

1. 液晶显示器特点

在日常生活中，我们对液晶显示器并不陌生。液晶显示模块作为电子产品的通用器件，在诸如计算器、万用表、电子表及其他家用电子产品中得到了广泛的应用。液晶显示器主要有 3 种类型：段式、字符型和点阵型。字符型液晶显示器只能显示预先定义的有限的字符集；点阵型液晶显示器则可以显示字符、图形等。本节重点介绍字符型液晶显示器的应用。

在单片机系统中应用液晶显示器作为输出器件有以下优点：

1) 显示质量高。由于液晶显示器每一个点在收到信号后就一直保持其色彩和亮度，恒定发光，而不像阴极射线管显示器（CRT）那样需要不断刷新亮点。因此，液晶显示器画质高且不会闪烁。

2) 数字式接口。液晶显示器都是数字式的，和单片机系统的接口更加简单可靠，操作更加方便。

3) 体积小、重量轻。液晶显示器通过显示屏上的电极控制液晶分子状态来达到显示的目的，在重量上比相同显示面积的传统显示器要轻得多。

4) 功耗低。相对而言，液晶显示器的功耗主要消耗在其内部的电极和驱动 IC 上，因而耗电量比其他显示器要少得多。

2. 液晶显示原理

液晶显示的原理是利用液晶的物理特性，通过电压对其显示区域进行控制，有电就有显示，这样就可以显示出图形。液晶显示器具有厚度薄、适用于大规模集成电路直接驱动、易于实现全彩色显示的特点，目前已经被广泛应用在便携式电脑、数字摄像机、PDA 移动通信工具等众多领域。

3. 液晶显示器分类

液晶显示器的分类方法有很多种，通常按其显示方式分为段式、字符式、点阵式等。除了黑白显示外，液晶显示器还有灰度、彩色显示等。如果根据驱动方式来分，可以分为静态驱动（Static）、单纯矩阵驱动（Simple Matrix）和主动矩阵驱动（Active Matrix）三种。

二、LCD1602 字符型 LCD 简介

字符型液晶显示模块是一种专门用于显示字母、数字、符号等的点阵式 LCD，目前常用 16×1、16×2、20×2 和 40×2 行等模块。下面以长沙太阳人电子有限公司的 LCD1602 字符型液晶显示器为例，介绍其用法。一般 LCD1602 字符型液晶显示器实物如图 6-1 所示。

1. LCD1602 的基本参数及引脚功能

LCD1602 分为带背光和不带背光两种，其控制器大部分为 HD44780，带背光的比不带背光的厚，是否带背光在应用中并无差别。

LCD1602 主要技术参数如下：

1）显示容量：16×2 个字符。

2）芯片工作电压：4.5～5.5。

3）工作电流：2.0mA(5.0V)。

4）模块最佳工作电压：5.0V。

5）字符尺寸：2.95mm × 4.35mm（W×H）。

引脚功能说明：

LCD1602 采用标准的 14 脚（无背光）或 16 脚（带背光）接口，各引脚接口说明见表 6-1。

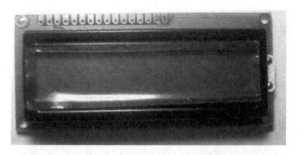

图 6-1　LCD1602 实物图

表 6-1　LCD1602 引脚功能

编　号	符　　号	引脚说明	编　号	符　　号	引脚说明
1	VSS	电源地	9	D2	数据
2	VDD	电源正极	10	D3	数据
3	VL	液晶显示偏压	11	D4	数据
4	RS	数据/命令选择	12	D5	数据
5	R/W	读/写选择	13	D6	数据
6	E	使能信号	14	D7	数据
7	D0	数据	15	BLA	背光源正极
8	D1	数据	16	BLK	背光源负极

第 1、2 脚为电源输入端。1 脚接地，2 脚接 +5V。

第 3 脚 VL 为液晶显示器对比度调整端，接正电源时对比度最弱，接地时对比度最高。对比度过高时会产生"鬼影"，使用时可以通过一个 10kΩ 的电位器调整对比度。

第 4 脚 RS 为数据/命令寄存器选择，高电平时选择数据寄存器，低电平时选择指令寄存器。

第 5 脚 R/W 为读写选择信号线，高电平时进行读操作，低电平时进行写操作。当 RS 和 R/W 共同为低电平时可以写入指令或者显示地址，当 RS 为低电平，R/W 为高电平时可以读忙信号，当 RS 为高电平，R/W 为低电平时可以写入数据。

第 6 脚 E 端为使能端，当 E 端由高电平跳变成低电平时，液晶模块执行命令。

第 7～14 脚：D0～D7 为 8 位双向数据线。

第 15 脚为背光源正极。

第 16 脚为背光源负极。

2. LCD1602 的指令说明及时序

1）LCD1602 液晶模块内部的控制器共有 11 条控制指令，见表 6-2。

表 6-2　1602 控制指令

序号	指　　令	RS	R/W	D7	D6	D5	D4	D3	D2	D1	D0
1	清显示	0	0	0	0	0	0	0	0	0	1
2	光标返回	0	0	0	0	0	0	0	0	1	*
3	置输入模式	0	0	0	0	0	0	0	1	I/D	S
4	显示开/关控制	0	0	0	0	0	0	1	D	C	B
5	光标或字符移位	0	0	0	0	0	1	S/C	R/L	*	*
6	置功能	0	0	0	0	1	DL	N	F	*	*
7	置字符发生存储器地址	0	0	0	1	字符发生存储器地址					
8	置数据存储器地址	0	0	1	显示数据存储器地址						
9	读忙标志或地址	0	1	BF	计数器地址						
10	写数到 CGRAM 或 DDRAM	1	0	要写的数据内容							
11	从 CGRAM 或 DDRAM 读数	1	1	读出的数据内容							

LCD1602 液晶模块的读写操作、屏幕和光标的操作都是通过指令编程来实现的。

指令 1：清显示，指令码 01H，光标复位到地址 00H 位置。

指令 2：光标复位，光标返回到地址 00H。

指令 3：光标和显示模式设置。I/D 控制光标移动方向，置 1 右移，清零左移；S 控制屏幕滚屏，置 1 滚屏。

指令 4：显示开关控制。D 控制显示的开与关，置 1 开显示，清零关显示；C 控制光标是否显示，置 1 显示光标，清零关闭光标；B 控制光标是否闪烁，置 1 光标闪烁，清零光标不闪烁。

指令 5：光标或显示移位控制。S/C 置 1 时移动显示的文字，清零时移动光标。

指令 6：功能设置命令。DL 置 1 时为 4 位总线，清零时为 8 位总线；N 置 1 时双行显示，清零时单行显示；F 置 1 时显示 5×10 的点阵字符，清零时显示 5×7 的点阵字符。

指令 7：字符发生器 RAM 地址设置。

指令 8：DDRAM 地址设置。

指令 9：读忙信号和光标地址。BF 为忙标志位，高电平表示忙，此时模块不能接收命令或者数据，低电平则表示空闲。

指令 10：写数据。

指令 11：读数据。

与 HD44780 相兼容的芯片读写命令见表 6-3。

表 6-3　与 HD44780 兼容的芯片读写命令

读状态	输入	RS = L, R/W = H, E = H	输出	D0 ~ D7 = 状态字
写指令	输入	RS = L, R/W = L, D0 ~ D7 = 指令码, E = 高脉冲	输出	无
读数据	输入	RS = H, R/W = H, E = H	输出	D0 ~ D7 = 数据
写数据	输入	RS = H, R/W = L, D0 ~ D7 = 数据, E = 高脉冲	输出	无

2）LCD1602 读写操作时序分别如图 6-2、图 6-3 所示。

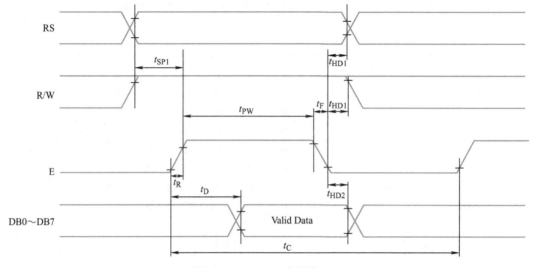

图 6-2　LCD1602 读操作时序

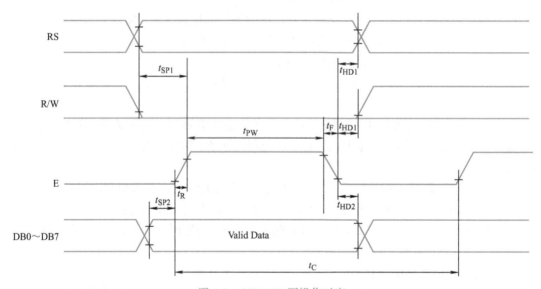

图 6-3　LCD1602 写操作时序

3. 1602LCD 的 RAM 地址映像及标准字库表

1）**液晶显示 RAM**。液晶显示模块是一个慢显示器件，所以在执行每条指令之前一定要确认模块的当前工作状态为空闲。若忙标志为低电平，则表示空闲；否则液晶控制芯片忙，此时不能接受外部命令、数据输入。显示字符时要先输入显示字符地址，也就是告诉模块在哪里显示字符。图 6-4 是 LCD1602 的内部显示地址。

例如第二行第一个字符的地址是 40H，那么是否直接写入 40H 就可以将光标定位在第二行第一个字符的位置呢？这样不行，因为写入显示地址时要求最高位 D7 恒定为高电平 1，所以实际写入的数据应该是 01000000B（40H）+ 10000000B（80H）= 11000000B（C0H）。

在对液晶模块的初始化中要先设置其显示模式，在液晶模块显示字符时光标是自动右移的，无须人工干预。每次输入指令前都要判断液晶模块是否处于忙的状态。

2）**标准字库表。** LCD1602液晶模块内部的字符发生存储器（CGROM）已经存储了160个不同的点阵字符图形，如图6-5所示。这些字符有：阿拉伯数字、

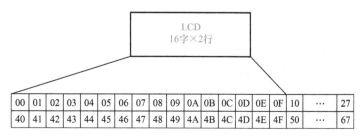

图6-4 LCD1602 显示 RAM 地址

英文大小写字母、常用的符号和日文假名等，每一个字符都有一个固定的代码，比如大写的英文字母"A"的代码是01000001B（41H），显示时模块把地址41H中的点阵字符图形显示出来，我们就能看到字母"A"。

图6-5 LCD1602 CGROM

4. LCD1602 的一般初始化（复位）过程

1）延时 15ms。

2）写指令 38H（不检测忙信号）。

3）延时 5ms。

4）写指令 38H（不检测忙信号）。

5）延时 5ms。

6）写指令 38H（不检测忙信号），以后每次写指令、读/写数据操作均需要检测忙信号。

7）写指令 38H：显示模式设置。

8）写指令 08H：显示关闭。

9）写指令 01H：显示清屏。

10）写指令 06H：显示光标移动设置。

11）写指令 0CH：显示开及光标设置。

【任务实施】

一、任务目的

1）掌握 LCD1602 控制寄存器的读写方法。

2）熟悉 LCD1602 的引脚功能及排列。

3）掌握使用 LCD1602 显示信息的方法。

二、软件及元器件

1）STC－ISP 下载软件。

2）Keil μVision 4。

3）下载线、杜邦线、LCD1602。

4）单片机实验板。

5）Proteus 7.7。

三、内容与步骤

1）按照图6-6所示在 Proteus 中绘制原理图。其中 LCD1602 采用库元件 LM016L。

2）程序设计。

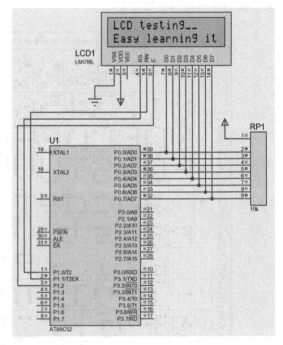

图 6-6　信息显示屏仿真原理图

```
#include < reg52.h >
#define uchar unsigned char
#define uint unsigned int
sbit lcdrs = P1^0;          //定义引脚
sbit lcdrw = P1^1;
sbit lcden = P1^2;
#define Busy    0x80      //用于检测 LCD 状态字中的 Busy 标识
uchar code table1[] = "LCD testing__";      //第一行要显示数据
uchar code table2[] = "Easy learning it";  //第二行要显示数据
void delay(uint z)
{
    uint x,y;
    for(x = z;x > 0;x--)
        for(y = 110;y > 0;y--);
}
void Delay5Ms(void)
{
    unsigned int TempCyc = 5552;
    while(TempCyc--);
}
unsigned char ReadStatusLCD(void)
```

```
{
    lcdrs = 0;
    lcdrw = 1;
    lcden = 0;
    lcden = 0;
    lcden = 1;
    while(PokBasy);                          //检测忙
    return P0;
}
void write_com(uchar com,uchar c)          //写命令操作
{
    ReadstatusLCD();
    P0 = com;
    lcdrs =0;
    lcdrw =0;
    lcden =1;
    lcden =0;
    delay(2);
    lcden =1;
}
void write_data(uchar dat)                 //写数据操作
{
    ReadstatusLCD();
    lcdrs =1;
    lcdrw =0;
    P0 = dat;
    lcden =0;
    delay(2);
    lcden =1;
}
void init()                                //初始化
{
    lcden =0;    P0 =0;
    write_com(0x38,0);                     //显示模式
    delay(5);
    write_com(0x38,0);                     //显示模式
    delay(5);
    write_com(0x38,0);                     //显示模式
    delay(5);
    write_com(0x38,1);                     //显示模式
    write_com(0x08,1);                     //光标不显示
    write_com(0x06,1);                     //光标移动设置    0x06
    write_com(0x01,1);                     //清屏            0x01
    write_com(0x0c,1);
}
void main()
{
    uchar num;
    delay(400);
    init();    //write_data(table1[num++]);
    for(num =0;num <14;num++)
    {
        write_data(table1[num]);
        delay(20);
```

```
    }
    write_com(0xC0,1);                    //数据指针到第二行
    for(num=0;num<16;num++)
    {
        write_data(table2[num]);
        delay(20);
    }
    while(1);
}
```

3）在 Proteus 中仿真运行，验证程序正确性。

4）用杜邦线将 LCD1602 连接到实验板，如图 6-6 所示，将程序下载进单片机实验板进行验证。

【任务评价】

1）分组汇报 1602 液晶显示牌程序设计方法，演示实验效果，并回答相关问题。

2）填写任务评价表，见表 6-4。

表 6-4　任务评价表

	评价内容	评价标准	分值	学生自评	小组互评	教师评价
知识目标	LCD 显示原理	掌握 LCD 显示原理				
	LCD 控制寄存器	掌握 LCD1602 控制寄存器的读写方法及时序				
	LCD1602 引脚功能	掌握 LCD1602 引脚功能				
	LCD1602 初始化	掌握 LCD1602 初始化的编程方法				
技能目标	能够编写简单的 LCD1602 显示程序	掌握 LCD1602 显示程序的设计方法				
	安全操作	安全用电、遵守规章制度				
	现场管理	按企业要求进行现场管理				

【任务总结】

目前已完成了 LCD1602 液晶显示牌的制作，通过这个任务，我们掌握了如何在 LCD1602 显示简单的信息。下一步我们将进一步学习如何控制 LCD1602 实现反白显示、字符闪烁等功能，以实现更加复杂的功能。

拓 展 训 练

在 LCD1602 上实现显示自己的姓名及学号，并实现内容左移，编写程序并用 Protues 仿真软件仿真。

任务二　液晶时钟的设计

【任务导入】

通过任务一，我们已经掌握了利用 LCD1602 显示简单信息的方法。本任务将讨论利用

LCD1602 实现较复杂的信息显示。

【任务分析】

液晶显示器第一行显示 "date2018 - 03 - 26 MON"，第二行显示 "time00:00:00"，开机后时钟运行。设有三个按键用以调节时间，按键 1 为功能键，当第一次按下时，时钟停止，光标落在秒钟的个位，按动按键 2 对秒进行加处理，按动按键 3 对秒进行减处理；再按动按键 1 光标落到分钟的个位，同样按动按键 2 对分进行加处理，按动按键 3 对分进行减处理；第三次按动按键 1，光标落到时钟的个位，同样按动按键 2 对时进行加处理，按动按键 3 对时进行减处理；时间调整完毕后，最后再按一次按键 1，光标消失，时钟运行。

【任务实施】

一、任务目的

1）掌握 LCD1602 控制寄存器的读写方法。

2）熟悉 LCD1602 的引脚功能及排列。

3）掌握 LCD1602 反白显示、字符闪烁等"特效"的显示方法。

二、软件及元器件

1）STC - ISP 下载软件。

2）Keil μVision 4。

3）下载线、杜邦线、LCD1602。

4）单片机实验板。

5）Proteus 7.7。

三、内容与步骤

1）按照图 6-7 所示在 Proteus 中绘制原理图。其中 LCD1602 采用库元件 LM016L。

2）C 程序设计

```
#include < reg52. h >
#define uchar unsigned char
#define uint unsigned int
sbit rs = P1^0;
sbit rw = P1^1;
sbit lcden = P1^2;
sbit s1 = P3^4;          //模式键
sbit s2 = P3^5;
sbit s3 = P3^6;
```

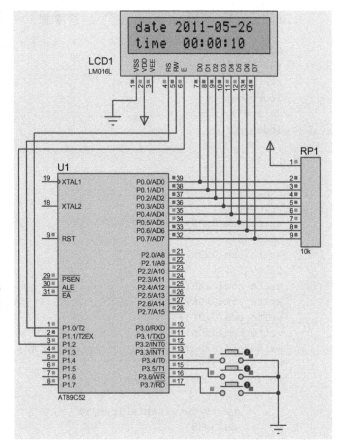

图 6-7 LCD1602 液晶时钟仿真原理图

```
//sbit rd = P3^7;
uchar count,s1num;
char miao,shi,fen;
uchar code table1[] = "date 2018 - 03 - 26 ";
uchar code table2[] = "time   00:00:00";
void delay(uint z)
{
    uint x,y;
    for(x = z;x > 0;x--)
        for(y = 110;y > 0;y--);
}
void write_com(uchar com)                //写命令
{
    P0 = com;
    rs = 0;
    rw = 0;
    lcden = 0;
    delay(5);
    lcden = 1;
}
void write_date(uchar date)              //写数据
{
    P0 = date;
    rs = 1;
    rw = 0;
    lcden = 0;
    delay(5);
    lcden = 1;
}
void init()
{
    uchar num;
    //lcden = 0;
    write_com(0x38);
    delay(5);
    write_com(0x38);
    delay(5);
    write_com(0x38);
    write_com(0x08);
    write_com(0x01);
    write_com(0x06);
    write_com(0x0c);                     //不显示光标
    write_com(0x80);
    for(num = 0;num < 15;num++)
        {
            write_date(table1[num]);
            delay(5);
        }
    write_com(0xc0);
    for(num = 0;num < 14;num++)
        {
            write_date(table2[num]);
```

```
            delay(5);
        }
    TMOD = 0x01;
    TH0 = (65536 - 46080)/256;
    TL0 = (65536 - 46080)% 256;
    EA = 1;
    ET0 = 1;
    TR0 = 1;
}
void write_sfm(uchar add,uchar date)
{
    uchar shi,ge;
    shi = date/10;                  //取模
    ge = date% 10;                  //取余
    write_com(0x80 + 0x40 + add);   //送入地址
    write_date(0x30 + shi);         //送入数据
    write_date(0x30 + ge);
}
void keyscan()
{
    if(s1 == 0)                     //按键1,功能:调整模式
    {
        delay(5);
        if(s1 == 0)
        {   s1num++;
            while(! s1);
            if(s1num == 1)
            {
                TR0 = 0;
                write_com(0x80 + 0x40 + 13);
                write_com(0x0f);            //光标显示闪烁
            }
        }
            if(s1num == 2)
            {
                write_com(0x80 + 0x40 + 10);
            }
            if(s1num == 3)
            {
                write_com(0x80 + 0x40 + 7);
            }
            if(s1num == 4)
            {
                s1num = 0;
                write_com(0x0c);
                TR0 = 1;
            }
        }
        if(s1num! = 0)
        {
            if(s2 == 0)
            {
```

```
            delay(5);
            if(s2 ==0)
            {
                while(! s2);
                if(s1num ==1)
                {
                    miao++;
                    if(miao ==60)
                        miao =0;
                    write_sfm(12,miao);
                    write_com(0x80 +0x40 +13);
                }
                if(s1num ==2)
                {
                    fen++;
                    if(fen ==60)
                        fen =0;
                    write_sfm(9,fen);
                    write_com(0x80 +0x40 +10);
                }
                if(s1num ==3)
                {
                    shi++;
                    if(shi ==24)
                        shi =0;
                    write_sfm(6,shi);
                    write_com(0x80 +0x40 +7);
                }
            }
        }
        if(s3 ==0)
        {
            delay(5);
            if(s3 ==0)
            {
                while(! s3);
                if(s1num ==1)
                {
                    miao--;
                    if(miao ==-1)
                        miao =59;
                    write_sfm(12,miao);
                    write_com(0x80 +0x40 +13);
                }
                if(s1num ==2)
                {
                    fen--;
                    if(fen ==-1)
                        fen =59;
                    write_sfm(9,fen);
                    write_com(0x80 +0x40 +10);
                }
```

```
                    if(s1num ==3)
                    {
                        shi-- ;
                        if(shi ==-1)
                            shi =23;
                        write_sfm(6,shi);
                        write_com(0x80 +0x40 +7);
                    }
                }
            }
        }
    }
}
void timer0() interrupt 1
{
    TH0 = (65536 -46080)/256;
    TL0 = (65536 -46080)% 256;
    count++;
    if(count ==20)
        {
            count =0;
            miao++;
            if(miao ==60)
            {
                miao =0;
                fen++;
                if(fen ==60)
                {
                    fen =0;
                    shi++;
                    if(shi ==24)
                    {
                        shi =0;
                    }
                    write_sfm(6,shi);
                }
                write_sfm(9,fen);
            }
            write_sfm(12,miao);

        }
}
void main()
{
    init();
    while(1)
    {
        keyscan();
    }
}
```

3）在 proteus 中仿真运行，验证程序正确性。

4）用杜邦线将 LCD1602 连接到实验板，如图 6-7 所示，将程序下载到单片机实验板进行验证。根据实测结果，调整定时器初值，尽量减小计时误差。

【任务评价】

1）分组汇报 LCD1602 液晶时钟程序设计方法，演示实验效果，并回答相关问题。

2）填写任务评价表，见表6-5。

表6-5　任务评价表

	评价内容	评价标准	分值	学生自评	小组互评	教师评价
知识目标	LCD 显示原理	掌握 LCD 显示原理				
	LCD 反白显示原理	掌握 LCD1602 反白显示的方法				
	LCD1602 引脚功能	掌握 LCD1602 引脚功能				
	字符闪烁原理	掌握 LCD1602 字符闪烁的编程方法				
技能目标	能够编写较复杂的 LCD1602 显示程序	掌握 LCD1602 较复杂显示程序的设计方法				
	安全操作	安全用电、遵守规章制度				
	现场管理	按企业要求进行现场管理				

【任务总结】

目前我们利用 LCD1602 实现了一个液晶时钟，它与项目四的电子时钟相比功耗更低，同时由于不需要进行动态扫描显示而占用 CPU 时间，计时精度也有所提高。同时我们应该注意到，LCD1602 只能显示英文字符等有限信息。在任务三中，我们将学习另一种能够显示包括汉字在内的图形的液晶——LCD12864。

任务三　液晶信息牌制作

【任务导入】

通过任务二，我们已经掌握了 LCD1602 使用方法，同时也注意到 LCD1602 本身的局限性。本任务将讨论利用 LCD12864 实现汉字的显示。

【任务分析】

在 LCD12864 上显示唐诗。第一行"白日依山尽"，第二行"黄河入海流"，第三行"欲穷千里目"，第四行"更上一层楼"。

【知识链接】

一、LCD12864 液晶知识基础

1. 概述

128×64 是一种具有 4 位/8 位并行、2 线/3 线串行多种接口方式，内部含有国标一级、

二级简体中文字库的点阵图形液晶显示模块；其显示分辨率为 128×64，内置 8192 个 16×16 点阵汉字，和 128 个 16×8 点阵 ASCII 字符集。利用该模块灵活的接口方式和简单、方便的操作指令，可构成全中文人机交互图形界面，可以显示 8×4 行 16×16 点阵的汉字，也可显示图形。低电压低功耗是其又一显著特点。由该模块构成的液晶显示方案与同类型的图形点阵液晶显示模块相比，不论硬件电路结构还是显示程序都要简洁得多，而且该模块的价格也略低于相同点阵的图形液晶模块。

2. 基本特性

1）低电源电压（VCC：$+3.0 \sim +5.5\mathrm{V}$）。

2）显示分辨率：128×64 点。

3）内置汉字字库，提供 8192 个 16×16 点阵汉字（简繁体可选）。

4）内置 128 个 16×8 点阵字符。

5）2MHz 时钟频率。

6）显示方式：STN、半透、正显。

7）驱动方式：1/32DUTY，1/5BIAS。

8）视角方向：6 点。

9）背光方式：侧部高亮白色 LED，功耗仅为普通 LED 的 $1/5 \sim 1/10$。

10）通信方式：串行、并行可选。

11）内置 DC - DC 转换电路，无需外加负压。

12）无需片选信号，简化软件设计。

13）工作温度：$0 \sim +55\mathrm{℃}$；存储温度：$-20 \sim +60\mathrm{℃}$。

3. 模块引脚说明

LCD12864 引脚功能见表 6-6。

表 6-6　LCD12864 引脚功能

引脚号	引脚名称	电平	引脚功能描述
1	$\overline{\text{CS1}}$	H/L	H：选择芯片（右半屏）信号
2	$\overline{\text{CS2}}$	H/L	H：选择芯片（左半屏）信号
3	GND	0	电源地
4	VCC	5V	电源电压
5	VO	–	液晶显示器驱动电压
6	RS	H/L	RS = "H"，表示 DB7 ~ DB0 为显示数据 RS = "L"，表示 DB7 ~ DB0 为指令
7	R/$\overline{\text{W}}$	H/L	R/$\overline{\text{W}}$ = "H"，E = "H"，数据被读到 DB7 ~ DB0 R/$\overline{\text{W}}$ = "L"，E = "H→L"，DB7 ~ DB0 的数据被写到 IR 或 DR
8	E	H/L	R/$\overline{\text{W}}$ = "L"，E 信号下降沿锁存 DB7 ~ DB0 R/$\overline{\text{W}}$ = "H"，E = "H" DDRAM 数据读到 DB7 ~ DB0
9 ~ 16	DB0 ~ DB7	H/L	三态数据线
17	$\overline{\text{RST}}$	H/L	复位端，低电平有效
18	Vout	–10V	LCD 驱动电压输出端
19	LED +	–	LED 背光板电源
20	LED –	–	LED 背光板电源

4. 控制器接口信号说明

1) RS，R/$\overline{\text{W}}$。RS，R/$\overline{\text{W}}$决定控制界面的4种模式，见表6-7。

表6-7　LCD12864模式控制

RS	R/$\overline{\text{W}}$	功能说明
L	L	MPU写指令到指令暂存器（IR）
L	H	读出忙标志（BF）及地址计数器（AC）的状态
H	L	MPU写入数据到数据暂存器（DR）
H	H	MPU从数据暂存器（DR）中读出数据

2) E信号。E信号功能见表6-8。

表6-8　E信号功能

E状态	执行动作	结　果
高→低	I/O缓冲→DR	配合$\overline{\text{W}}$进行写数据或指令
高	DR→I/O缓冲	配合R进行读数据或指令
低/低→高	无动作	

3) **忙标志：BF**。BF为忙标记。BF=1表示模块在进行内部操作，此时模块不接受外部指令和数据。BF=0时，模块为准备状态，随时可接受外部指令和数据。利用"STATUS RD"指令可以将BF读到DB7总线，从而了解模块的工作状态。

4) **字型发生器ROM（CGROM）**。字型发生器ROM（CGROM）提供8192汉字。

5) **显示控制触发器DFF**。用于模块屏幕显示开和关的控制。DFF=1为开显示（DISPLAY ON），DDRAM的内容就显示在屏幕上，DFF=0为关显示（DISPLAY OFF）。DFF的状态是指令DISPLAY ON/OFF和RST信号控制的。

6) **显示数据RAM（DDRAM）**。模块内部显示数据RAM提供64×2个字节的空间，最多可控制4行16字（64个字）的中文字型显示，当写入显示数据RAM时，可分别显示CGROM与CGRAM的字型；此模块可显示三种字型，分别是半角英文数字型（16×8）、CGRAM字型及CGROM的中文字型，三种字型由在DDRAM中写入的编码选择，在0000H～0006H的编码中（其代码分别是0000、0002、0004、0006共4个）将选择CGRAM的自定义字型，02H～7FH的编码中将选择半角英文数字的字型，至于A1以上的编码将自动结合下一个字节，组成两个字节的编码形成中文字型的编码BIG5（A140～D75F），GB（A1A0～F7FFH）。

7) **字型产生RAM（CGRAM）**。字型产生RAM提供图像定义（造字）功能，可以提供四组16×16点阵的自定义图像空间，使用者可以将内部字型没有提供的图像字型自行定义到CGRAM中，便可和CGROM中的定义一样地通过DDRAM显示在屏幕中。

8) **地址计数器AC**。地址计数器是用来储存DDRAM/CGRAM之一的地址，它可由设定指令暂存器来改变，之后只要读取或是写入DDRAM/CGRAM的值时，地址计数器的值就会自动加1，当RS为"0"而R/$\overline{\text{W}}$为"1"时，地址计数器的值会被读取到DB6～DB0中。

9) **光标/闪烁控制电路**。此模块提供硬件光标及闪烁控制电路，由地址计数器的值来指定DDRAM中的光标或闪烁位置。

5. 指令说明

模块控制芯片提供两套控制命令，基本指令和扩充指令见表6-9、表6-10。

表6-9 基本指令表（RE=0：基本指令）

指 令	指 令 码										功 能
	RS	R/$\overline{W}$	D7	D6	D5	D4	D3	D2	D1	D0	
清除显示	0	0	0	0	0	0	0	0	0	1	将 DDRAM 填满"20H"，并且设定 DDRAM 的地址计数器（AC）到"00H"
地址归位	0	0	0	0	0	0	0	0	1	X	设定 DDRAM 的地址计数器（AC）到"00H"，并且将游标移到开头原点位置。这个指令不改变 DDRAM 的内容
显示状态开/关	0	0	0	0	0	0	1	D	C	B	D=1：整体显示 ON； C=1：游标 ON B=1：游标位置反白允许
进入点设定	0	0	0	0	0	0	1	I/D	S		指定在数据的读取与写入时，设定游标的移动方向及指定显示的移位
游标或显示移位控制	0	0	0	0	1	S/C	R/L	X	X		设定游标的移动与显示的移位控制位；这个指令不改变 DDRAM 的内容
功能设定	0	0	0	0	1	DL	X	RE	X	X	DL=0/1：4/8 位数据 RE=1：扩充指令操作 RE=0：基本指令操作
设定 CGRAM 地址	0	0	0	1	AC5	AC4	AC3	AC2	AC1	AC0	设定 CGRAM 地址
设定 DDRAM 地址	0	0	1	0	AC5	AC4	AC3	AC2	AC1	AC0	设定 DDRAM 地址 第一行：80H～87H 第二行：90H～97H
读取忙标志和地址	0	1	BF	AC6	AC5	AC4	AC3	AC2	AC1	AC0	读取忙标志（BF）可以确认内部动作是否完成，同时可以读出地址计数器（AC）的值
写数据到 RAM	1	0				数据					将数据 D7～D0 写入到内部的 RAM（DDRAM/CGRAM/IRAM/GRAM）
读出 RAM 的值	1	1				数据					从内部 RAM 读取数据 D7～D0（DDRAM/CGRAM/IRAM/GRAM）

表6-10 扩充指令表（RE=1：扩充指令）

指 令	指 令 码										功 能
	RS	R/W	D7	D6	D5	D4	D3	D2	D1	D0	
待命模式	0	0	0	0	0	0	0	0	0	1	进入待命模式，执行的其他指令都被终止
卷动地址开关开启	0	0	0	0	0	0	0	0	1	SR	SR=1：允许输入垂直卷动地址 SR=0：允许输入 IRAM 和 CGRAM 地址
反白选择	0	0	0	0	0	0	0	1	R1	R0	选择2行中的任一行作反白显示，并可决定反白与否 初始值 R1R0=00，第一次设定为反白显示，再次设定变回正常
睡眠模式	0	0	0	0	0	0	1	SL	X	X	SL=0：进入睡眠模式 SL=1：脱离睡眠模式

(续)

指　令	指　令　码									功　能
扩充功能设定	0	0	0	0	1	CL	X	RE	G	0	CL = 0/1：4/8 位数据 RE = 1：扩充指令操作 RE = 0：基本指令操作 G = 1/0：绘图开关
设定绘图 RAM 地址	0	0	1	0 AC6	0 AC5	0 AC4	AC3 AC3	AC2 AC2	AC1 AC1	AC0 AC0	设定绘图 RAM 先设定垂直（列）地址 AC6AC5…AC0， 再设定水平（行）地址 AC3AC2AC1AC0， 将以上 16 位地址连续写入即可

　　注：当 IC1 在接受指令前，微处理器必须先确认其内部处于非忙碌状态，即读取 BF 标志时，BF 为零，方可接受新的指令；如果在送出一个指令前不检查 BF 标志，那么在前一个指令和这个指令中间必须延长一段较长的时间，以等待前一个指令确实执行完成。

【任务实施】

一、任务目的

1）掌握 LCD12864 控制寄存器的读写方法。

2）熟悉 LCD12864 的引脚功能及排列。

3）掌握 LCD12864 显示汉字、点阵图形的方法。

二、软件及元器件

1）STC‑ISP 下载软件。

2）Keil μVision 4。

3）下载线、杜邦线、LCD12864。

4）单片机实验板。

5）Proteus 7.7。

三、内容与步骤

1）在 Proteus 中绘制原理图，如图 6-8 所示。

2）程序设计。

```c
#include "reg52.h"
#include "intrins.h"
sbit io_LCD12864_RS = P1^0 ;              //寄存器选择输入
sbit io_LCD12864_RW = P1^1;               //液晶读/写控制
sbit io_LCD12864_EN = P1^2 ;              //液晶使能控制
#define io_LCD12864_DATAPORT P0
#define SET_DATA    io_LCD12864_RS = 1 ;
#define SET_INC     io_LCD12864_RS = 0 ;
#define SET_READ    io_LCD12864_RW = 1 ;
#define SET_WRITE   io_LCD12864_RW = 0 ;
#define SET_EN      io_LCD12864_EN = 1 ;
```

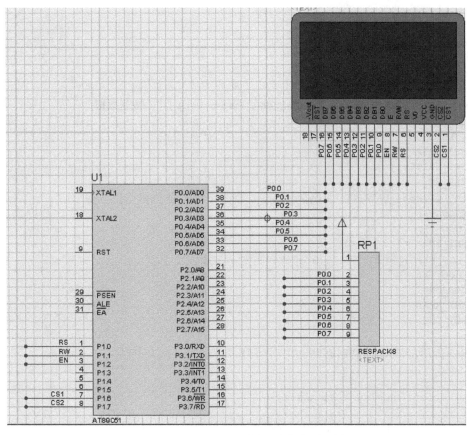

图 6-8 LCD12864 液晶信息牌仿真原理图

```
#define CLR_EN        io_LCD12864_EN = 0 ;
 void v_Lcd12864CheckBusy_f ( void )        //忙检测函数
{
  unsigned intnTimeOut = 0 ;
  SET_INC
  SET_READ
  CLR_EN
  SET_EN
  while ( ( io_LCD12864_DATAPORT & 0x80 ) && (++nTimeOut ! = 0 ) ) ;
  CLR_EN
  SET_INC
  SET_READ
}
 void v_Lcd12864SendCmd_f ( unsigned char byCmd )   //发送命令
{
  v_Lcd12864CheckBusy_f () ;
  SET_INC
  SET_WRITE
  CLR_EN
  io_LCD12864_DATAPORT =byCmd ;
  _nop_ ();
  _nop_ ();
  SET_EN
```

```
  _nop_();
  _nop_();
  CLR_EN
 SET_READ
  SET_INC
}
void v_Lcd12864SendData_f( unsigned char byData )    //发送数据
{
  v_Lcd12864CheckBusy_f();
  SET_DATA
  SET_WRITE
  CLR_EN
  io_LCD12864_DATAPORT = byData;
  _nop_();
  _nop_();
  SET_EN
  _nop_();
  _nop_();
  CLR_EN
  SET_READ
  SET_INC
}
 void v_DelayMs_f( unsigned int nDelay )             //延时
{
  unsigned int i;
      for( ;nDelay > 0 ; nDelay-- )
  {
        for( i = 125 ; i > 0 ; i-- );
  }
}
void v_Lcd12864Init_f( void )                        //初始化
{
  v_Lcd12864SendCmd_f( 0x30 );                       //基本指令集
  v_DelayMs_f( 50 );
  v_Lcd12864SendCmd_f( 0x01 );                       //清屏
  v_DelayMs_f( 50 );
  v_Lcd12864SendCmd_f( 0x06 );                       //光标右移
  v_DelayMs_f( 50 );
  v_Lcd12864SendCmd_f( 0x0c );                       //开显示
}
void v_Lcd12864SetAddress_f( unsigned char x, y )    //地址转换
{
 unsigned charbyAddress;
  switch( y )
  {
    case 0 :  byAddress = 0x80 + x;
    break;
    case 1 :  byAddress = 0x90 + x;
    break;
    case 2 :  byAddress = 0x88 + x;
    break;
    case 3 :  byAddress = 0x98 + x;
    break;
```

```
      default :
        break ;
    }
    v_Lcd12864SendCmd_f ( byAddress ) ;
}
void v_Lcd12864PutString_f ( unsigned char x, unsigned char y, unsigned char * pData )
{
    v_Lcd12864SetAddress_f ( x, y ) ;
    while (* pData ! = '\0' )
    {
        v_Lcd12864SendData_f ( * pData++ ) ;                //显示字符
    }
}
void main ( void )
{
    v_Lcd12864Init_f() ;
    v_Lcd12864PutString_f ( 0,0, "白日依山尽" ) ;
    v_Lcd12864PutString_f ( 0,1, "黄河入海流" ) ;
    v_Lcd12864PutString_f ( 0,2, "欲穷千里目" ) ;
    v_Lcd12864PutString_f ( 0,3, "更上一层楼" ) ;
    while( 1 ) ;
```

3）在 Proteus 中仿真运行，验证程序正确性。注意 Proteus 中需要添加汉字字模。

4）用杜邦线（如图 6-8 所示）将 LCD12864 连接到实验板，将程序下载到单片机实验板进行验证。

【任务评价】

1）分组汇报 LCD12864 液晶信息牌的程序设计方法，演示实验效果，并回答相关问题。

2）填写任务评价表，见表 6-11。

表6-11　任务评价表

	评价内容	评价标准	分值	学生自评	小组互评	教师评价
知识目标	LCD12864 寄存器	熟悉 LCD12864 内部寄存器				
	LCD12864 读写时序	掌握 LCD12864 读写时序				
	LCD12864 引脚功能	掌握 LCD12864 引脚功能				
	LCD12864 初始化	掌握 LCD12864 初始化程序编程方法				
技能目标	能够编写较复杂的 LCD12864 显示程序	掌握 LCD12864 较复杂显示程序的设计方法				
	安全操作	安全用电、遵守规章制度				
	现场管理	按企业要求进行现场管理				

【任务总结】

LCD12864 不仅可以显示汉字，也可以显示点阵图形，其原理是相同的。我们可以用字模生成软件生成图形字模库，然后在程序中调用。

项目七

音乐盒的设计

项目描述：

在各类电子产品中，往往需要引入声音来提示某种类型的操作情况。一个精心设计的声音提示会给人耳目一新的感觉。本项目通过两个任务逐步讲解单片机生成乐音的基本原理。

知识目标：

1）了解单片机产生不同音调的方法。
2）了解单片机产生不同节拍的方法。
3）了解单片机产生连续乐音信号的编程方法。

能力目标：

1）能使用定时器生成不同频率的脉冲信号。
2）能使用软件定时的方法产生不同节拍。
3）能综合运用单片机相关知识完成独立系统的设计。

教学重点：

1）掌握单片机产生不同音调的方法。
2）软件定时器的设计方法。
3）掌握单片机产生不同节拍的方法。

教学难点：

1）语音频率和定时器关系。
2）软件定时器的设计。

任务一　音调与节拍的实现

【任务导入】

电子产品在工作过程中，有时需要根据场景发出不同的声音。如何让单片机发出不同的声音呢？我们很快就会知道。

【任务分析】

用 51 单片机演奏出不同的"音调"和"节拍",要求中音 do ~ si 及高音 do 共 8 个音调,按顺序中音 do 演奏 1/4 拍,中音 re 演奏 1/2 拍,中音 mi 演奏 3/4 拍,中音 fa 演奏 1拍,中音 so 演奏 1 又 1/4 拍,中音 la 演奏 1 又 1/2 拍,中音 si 演奏 1 又 3/4 拍,高音 do 演奏 2 拍。

【知识链接】

音阶就是人们通常唱出的 1、2、3、4、6、7(do - re - mi - fa - so - la - si),它是 7 个频率之间满足某种数学关系由低到高排列的自然音,一旦确定某一个音比如 1(do)的频率,其他音的频率也就确定了,若由 12 个音组成,还可产生半音阶;而音调是指声音的高低,由声音的频率来决定,确定某一个音比如 1(do)的频率,就确定了音调。通过改变单片机输出脉冲频率就可以得到不同的音调。

1. 音调的确定

要产生音频脉冲,只要算出某一音频的周期(1/频率),然后将此周期除以 2,即为半周期的时间。利用定时器计时这半个周期时间,每当计时到后就将输出脉冲的电平反相,然后重复计时此半周期时间再对脉冲的电平反相,就可在 I/O 脚上得到此频率的脉冲。例如中音 do 的频率为 523Hz,其周期 $T = 1/523\mu s = 1912\mu s$,令定时器定时 956$\mu s$ 时将脉冲的电平反相,就可得到中音 do(523Hz)。

此外结束符和休止符可以分别用代码 00H 和 FFH 来表示,若查表结果为 00H,则表示曲子终了;若查表结果为 FFH,则产生相应的停顿效果。

计数脉冲值与频率的关系公式为

$$N = f_i/2/f_r \tag{7-1}$$

式中,N 为计数值;f_i 为计时脉冲频率。此处单片机采用 12MHz 的晶振,故其频率为 1MHz;f_r 为音调对应的频率。

由项目四可知 $\qquad\qquad T = 65536 - N$

代入式(7-1)得

$$T = 65536 - f_i/2/f_r \tag{7-2}$$

根据式(7-2),我们可以把低音 do ~ 高音 si 的 T 值都计算出来,并记入表 7-1 中。

表 7-1 音调表

低音	频率	脉冲	T 值	中音	频率	脉冲	T 值	高音	频率	脉冲	T 值
do	262	1908	f88c	do	523	956	fc44	do	1046	478	fe22
do#	277	1805	f8f3	do#	554	902	fc7a	do#	1109	450	fe3e
re	294	1700	f95c	re	587	851	fcad	re	1175	425	fe57
re#	311	1607	f9b9	re#	622	803	fcdd	re#	1245	401	fe6f

（续）

低音	频率	脉冲	T 值	中音	频率	脉冲	T 值	高音	频率	脉冲	T 值
mi	330	1515	fa15	mi	659	758	fd0a	mi	1318	379	fe85
fa	349	1432	fa68	fa	698	716	fd34	fa	1397	357	fe9b
fa#	370	1351	fab9	fa#	740	675	fd5d	fa#	1480	337	feaf
so	392	1275	fb05	so	784	637	fd83	so	1568	318	fec2
so#	415	1204	fb4c	so#	831	601	fda7	so#	1661	301	fed3
la	440	1136	fb90	la	880	568	fdc8	la	1760	284	fee4
la#	464	1077	fbcb	la#	932	536	fde8	la#	1865	268	fef4
si	494	1012	fc0c	si	988	506	fe06	si	1976	253	ff03

2. 节拍的确定

如果 1 拍为 0.4s，1/4 拍则为 0.1s，只要设定延迟时间就可求得节拍的时间。假设 1/4 拍为 1DELAY，则 1 拍应为 4DELAY，以此类推。所以只要求得 1/4 拍的 DELAY 时间，其余的节拍就是它的倍数。我们可以设计一个节拍码与节拍数对应，见表 7-2。

表 7-2　节拍码表

节 拍 码	节 拍 数	节 拍 码	节 拍 数
1	1/4 拍	6	1 又 1/2 拍
2	2/4 拍	8	2 拍
3	3/4 拍	A	2 又 1/2 拍
4	1 拍	C	3 拍
5	1 又 1/4 拍	F	3 又 3/4 拍

3. 编码的确定

在给每个音符编码时，使用 1 个字节，字节的高 4 位代表音符的高低，低 4 位代表音符的节拍，中音的 do、re、mi、fa、so、la、si 分别编码为 1~7，高音 do 编为 8，高音 re 编为 9，停顿编为 0。播放长度以 1/4 拍为单位（在本程序中 1/4 拍 = 165ms），一拍即等于 4 个 1/4 拍，编为 4，其他的播放时间以此类推。音调作为编码的高 4 位，而播放时间作为低 4 位，如此音调和节拍就构成了一个编码。以 0xff 作为曲谱的结束标志。

例如，音调 do，发音长度为 2 拍，将其编码为 0x18；音调 re，发音长度为 1/2 拍，将其编码为 0x22。

【任务实施】

一、任务目的

1）了解音调和节拍的概念。

2）掌握单片机产生不同音调和节拍的方法。

3）掌握综合运用已学知识编写程序的方法。

二、软件及元器件

1）STC – ISP 下载软件。

2）Keil μVision 4。

3）下载线。

4）单片机实验板。

5）Proteus 7.7。

三、内容与步骤

1）如图 7-1 所示，在 Proteus 中绘制原理图。

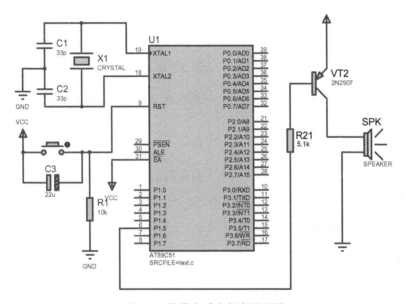

图 7-1 简易音乐盒仿真原理图

2）程序设计。

```
//功能:简单音调和节拍的演奏程序
#include <reg51.h>
#define uchar unsigned char
#define uint  unsigned int
sbit fm = P1^5;                //蜂鸣器输出的 IO 口
uchar timeh,timel,i;          //timeh、timel 为定时器高低 4 位,i 为演奏音符个数
//--------------------------- 简谱 -------------------------------------
//1 ~ 7 代表中音 do ~ si,8 代表高音 do
uchar code yinyue[] = {0x11,0x22,0x33,0x44,0x55,0x66,0x77,0x88,0xff};
//------------ 简谱音调对应的定时器初值 ------------------------
uchar code cuzhi[] = { 0xff,0xff,       //占位符
0xFC,0x44,0xFC,0xAD,0xFD,0x0A,0xFD,0x34,0xFD,0x83,0xFD,0xC8,0xFE,0x06,
0xFE,0x22};                   //中音 do ~ si 的计数初值 T,高音 do 的计数初值 T
void delay1(uint z);          //延时 1ms 子程序
void delay(uint z);           //延时 165ms,即 1/4 拍子程序
void song();                  //演奏子程序
```

```
main()
{
    EA = 1;                              //开总中断
    ET0 = 1;                             //开定时器0
    TMOD = 0x01;                         //定时器T0工作在方式1
    TH0 = 0;
    TL0 = 0;
    TR0 = 1;
    while(1)
    {
        song();
        delay1(1000); }
    }
void timer0() interrupt 1                //定时器T0溢出中断子程序用于产生各种音调
{
    TH0 = timeh;
    TL0 = timel;
    fm = ~ fm;                           //产生方波
}
void delay(uint z)                       //延时165ms,即1/4拍
{uint x,y;
    for(x = z;x > 0;x--)
    for(y = 19000;y > 0;y--);
}
void delay1(uint z)                      //延时1ms
{uint x,y;
    for(x = z;x > 0;x--)
        for(y = 112;y > 0;y--);
}
void song()
{
    uint temp;
    uchar jp;                            //jp是简谱1~8的变量
    i = 0;
    while(1)
    {
        temp = yinyue[i];
        if(temp == 0xff)
            break;                       //到曲终则跳出循环
        jp = temp/16;                    //取数的高4位作为音调
        if(jp! = 0)
        {
            timeh = cuzhi[jp* 2];        //取T的高4位值
            timel = cuzhi[jp* 2 +1];     //取T的低4位值
        }
        else
        {
            TR0 = 0;
            fm = 1;                      //关蜂鸣器
        }
        delay(temp% 16);                 //取数的低4位作为节拍
```

```
            TR0 =0;                          //唱完一个音停10ms
            fm =1;
            delay1(10);
            TR0 =1;
            i++ ;
        }
        TR0 =0;
        fm =1;
    }
```

3）将程序下载到单片机实验板进行验证。

【任务评价】

1）分组汇报音调与节拍程序设计方法，演示实验效果，并回答相关问题。

2）填写任务评价表，见表7-3。

表7-3 任务评价表

	评价内容	评价标准	分值	学生自评	小组互评	教师评价
知识目标	音调产生的原理	熟悉音调产生的原理				
	节拍产生的原理	掌握节拍产生的原理				
	无源蜂鸣器原理	掌握无源蜂鸣器原理				
	单片机产生音乐的方法	掌握单片机产生音乐的方法				
技能目标	能够编写生成音乐的程序	掌握单片机生成音乐程序的设计方法				
	安全操作	安全用电、遵守规章制度				
	现场管理	按企业要求进行现场管理				

【任务总结】

单片机可以通过以不同频率、不同时长方波驱动无源蜂鸣器的方法产生不同音阶、节拍的声音，那么我们就可以用单片机制作如电子琴、音乐盒之类的器件。

任务二 简易音乐盒的设计与实现

【任务导入】

上一个任务中通过改变频率和时长的方法让单片机发出不同音阶、节拍的声音，下面在上一个任务的基础上实现一个简易的音乐盒，用它来演奏一首完整的乐曲。

【任务分析】

在上一个任务的基础上，录入一首完整的乐曲，就可以设计出一个能演奏出一首完整乐曲的音乐盒。

【任务实施】

一、任务目的

1）了解音调和节拍的概念。

2）掌握单片机产生不同音调和节拍的方法。

3）掌握将乐谱转化为数据的方法。

二、软件及元器件

1）STC – ISP 下载软件。

2）Keil μVision 4。

3）下载线。

4）单片机实验板。

5）Proteus 7.7。

三、内容与步骤

1）如图 7-1 所示，在 Proteus 中绘制原理图。

2）参照任务一的编码方法，把简谱翻译成编码，并输入到一维数组 qnzl 中。

3）完成程序设计。

```c
//功能:音乐盒程序
#include <reg51.h>
#define uchar unsigned char
#define uint  unsigned int
sbit fm = P1^0;                    //蜂鸣器连接的 I/O 口
uchar timeh,timel,i;               //timeh、timel 为定时器高低 4 位,i 为演奏音符个数
//-------------------------《千年之恋》简谱-------------------------
//1~7 代表中音 do~si,8~E 代表高音 do~si
uchar code qnzl[] = {
0x12,0x22,0x34,0x84,0x74,0x54,0x38,0x42,0x32,
0x22,0x42,0x34,0x84,0x72,0x82,0x94,0xA8,0x08,                //前奏
0x32,0x31,0x21,0x32,0x52,0x32,0x31,0x21,0x32,0x62,  //竹林的灯火 到过的沙漠
0x32,0x31,0x21,0x32,0x82,0x71,0x81,0x71,0x51,0x32,0x22,//七色的国度 不断飘逸风中
0x32,0x31,0x21,0x32,0x52,0x32,0x31,0x21,0x32,0x62,//有一种神秘 灰色的旋涡
0x32,0x31,0x21,0x32,0x83,0x82,0x71,0x72,0x02,//将我卷入了迷雾中
0x63,0xA1,0xA2,0x62,0x92,0x82,0x52,                //看不清的双手
0x31,0x51,0x63,0x51,0x63,0x51,0x63,0x51,0x62,0x82,0x7C,0x02,
                                        //一朵花传来谁经过的温柔
0x61,0x71,0x82,0x71,0x62,0xA2,0x71,0x76,        //穿越千年的伤痛
0x61,0x71,0x82,0x71,0x62,0x52,0x31,0x36,        //只为求一个结果
0x61,0x71,0x82,0x71,0x62,0xA3,0x73,0x62,0x53,  //你留下的轮廓 指引我
0x42,0x63,0x83,0x83,0x91,0x91,                      //黑夜中不寂寞
0x61,0x71,0x82,0x71,0x62,0x0A2,0x71,0x76,        //穿越千年的哀愁
0x61,0x71,0x82,0x71,0x62,0x52,0x31,0x36,        //是你在尽头等我
0x61,0x71,0x82,0x71,0x62,0xA3,0x73,0x62,0x53,  //最美丽的感动 会值得
```

```
   0x42,0x82,0x88,0x02,0x74,0x93,0x89,0xff};        //用一生守候,最后结束标志
//|------------------------- 简谱音调对应的定时器初值 -------------------------
uchar code cuzhi[] = { 0xff,0xff,       //占位符
0xFC,0x44,0xFC,0xAD,0xFD,0x0A,0xFD,0x34,0xFD,0x83,0xFD,0xC8,0xFE,0x06,
//中音 do ~ si 的计数初值 T
0xFE,0x22,0xFE,0x57,0xFE,0x85,0xFE,0x9B,0xFE,0xC2,0xFE,0xE4,0xFF,0x03};
//高音 do ~ si 的计数初值 T
void delay1(uint z);                    //延时 1ms 子程序
void delay(uint z);                     //延时 165ms,即 1/4 拍子程序
void song();                            //演奏子程序
main()
{
    EA = 1;                             //开总中断
    ET0 = 1;                            //开定时器 T0
    TMOD = 0x01;                        //定时器 T0 工作在方式 1
    TH0 = 0;
    TL0 = 0;
    TR0 = 1;
    while(1)
    {   song();
        delay1(1000);
    }
}
void timer0() interrupt 1               //定时器 T0 溢出中断子程序用于产生各种音调
{   TH0 = timeh;
    TL0 = timel;
    fm = ~ fm;                          //产生方波
 }
void song()
{
    uint temp;
    uchar jp;                           //jp 是简谱 1 ~ 8 的变量
    i = 0;
    while(1)
    {
        temp = qnzl[i];
        if(temp == 0xff)
            break;                      //到曲终则跳出循环
        jp = temp/16;                   //取数的高 4 位作为音调
        if(jp! = 0)
        {
            timeh = cuzhi[jp* 2];       //取 T 的高 4 位值
            timel = cuzhi[jp* 2 +1];    //取 T 的低 4 位值
        }
        else
        {
            TR0 = 0;
            fm = 1;                     //关蜂鸣器
        }
        delay(temp% 16);                //取数的低 4 位作为节拍
```

```
            TR0 =0;                          //唱完一个音停10ms
            fm =1;
            delay1(10);
            TR0 =1;
            i++;
        }
            TR0 =0;
            fm =1;
}
void delay(uint z)                          //延时165ms,即1/4拍
{
    uint x,y;
    for(x =z;x >0;x--)
        for(y =19000;y >0;y--);
}
void delay1(uint z)                         //延时1ms
{
    uint x,y;
    for(x =z;x >0;x--)
        for(y =112;y >0;y--);
}
```

4）将程序下载到单片机实验板进行验证。

【任务评价】

1）分组汇报音调与节拍程序设计方法，演示实验效果，并回答相关问题。

2）填写任务评价表，见表7-4。

表7-4　任务评价表

评价内容		评价标准	分值	学生自评	小组互评	教师评价
知识目标	音调产生的原理	熟悉音调产生的原理				
	节拍产生的原理	掌握节拍产生的原理				
	无源蜂鸣器原理	掌握无源蜂鸣器原理				
	音乐转化的方法	掌握单片机产生音乐的方法				
技能目标	能够编写演奏一段音乐的程序	掌握单片机演奏一段音乐程序的设计方法				
	安全操作	安全用电、遵守规章制度				
	现场管理	按企业要求进行现场管理				

【任务总结】

单片机通过驱动无源蜂鸣器可以演奏完整的歌曲，如果我们与按键相配合就可以设计一个简易的电子琴。在拓展任务部分我们提供了部分源代码，有兴趣的读者可以自行试一下。

拓 展 任 务

1. 快乐点唱机

在任务二的基础上，扩展两首歌曲，通过对按键的控制切换不同歌曲的演奏，实现点唱的功能。

```c
//功能:快乐点唱机
#include <reg51.h>
#define uchar unsigned char
#define uint  unsigned int
sbit fm = P1^0;                     //蜂鸣器连接的I/O口
sbit button = P2^0;
uchar timeh,timel,i;                //timeh、timel为定时器高低4位,i为演奏音符个数
bit flag;
//--------------------------- 简谱 ---------------------------
//1~7代表中音do~si,8代表高音do
uchar code qnzl[] = { //千年之恋
0x12,0x22,0x34,0x84,0x74,0x54,0x38,0x42,0x32,0x22,0x42,0x34,0x84,0x72,0x82,
0x94,0xA8,0x08,//前奏
0x32,0x31,0x21,0x32,0x52,0x32,0x31,0x21,0x32,0x62,//竹林的灯火 到过的沙漠
0x32,0x31,0x21,0x32,0x82,0x71,0x81,0x71,0x51,0x32,0x22,//七色的国度 不断飘逸风中
0x32,0x31,0x21,0x32,0x52,0x32,0x31,0x21,0x32,0x62,//有一种神秘 灰色的旋涡
0x32,0x31,0x21,0x32,0x83,0x82,0x71,0x72,0x02,//将我卷入了迷雾中
0x63,0xA1,0xA2,0x62,0x92,0x82,0x52,//看不清的双手
0x31,0x51,0x63,0x51,0x63,0x51,0x63,0x51,0x62,0x82,0x7C,0x02,
//一朵花传来谁经过的温柔
0x61,0x71,0x82,0x71,0x62,0xA2,0x71,0x76,//穿越千年的伤痛
0x61,0x71,0x82,0x71,0x62,0x52,0x31,0x36,//只为求一个结果
0x61,0x71,0x82,0x71,0x62,0xA3,0x73,0x62,0x53,//你留下的轮廓 指引我
0x42,0x63,0x83,0x83,0x91,0x91,//黑夜中不寂寞
0x61,0x71,0x82,0x71,0x62,0x0A2,0x71,0x76,//穿越千年的哀愁
0x61,0x71,0x82,0x71,0x62,0x52,0x31,0x36,//是你在尽头等我
0x61,0x71,0x82,0x71,0x62,0xA3,0x73,0x62,0x53,//最美丽的感动 会值得
0x42,0x82,0x88,0x02,0x74,0x93,0x89,0xff//用一生守候,最后结束标志
};
uchar code jmszl[] = {                    //寂寞沙洲冷
0x12,0x12,0x22,0x32,0x31,0x22,0x21,0x22,        //自你走后心憔悴
0x21,0x31,0x51,0x52,0x31,0x52,0x61,0x15,0x14,   //白色油桐风中纷飞
0x51,0x52,0x31,0x52,0x62,0x13,0x11,0x13,0x32,0x28,0x08,0x28,
//落花似人有情这个季节
0x31,0x32,0x31,0x32,0x11,0x21,0x51,0x52,0x51,0x52,//河畔的风放肆拼命地吹
0x51,0x51,0x31,0x32,0x31,0x32,0x81,0x72,0x63,//不断拨弄离人的眼泪
0x62,0x71,0x81,0x72,0x61,0x61,0x52,0x31,0x21,0x32,0x51,0x54,
//那样浓烈的爱再也无法给
0x22,0x12,0x11,0x12,0x11,0x12,0x12,0x14,0x26,0x32,0x26,//伤感一夜一夜
0x32,0x61,0x51,0x51,0x31,0x31,0x21,0x31,0x51,0x61,0x51,0x31,0x51,
//当记忆的线缠绕过往支离破碎
0x02,0x32,0x81,0x81,0x81,0x81,0x62,0x52,0x34,    //是慌乱占据了心扉
0x31,0x81,0x81,0x81,0x61,0x91,0x82,            //有花儿伴着蝴蝶
0x51,0x51,0x51,0x51,0x31,0x61,0x53,            //孤雁可以双飞
```

```
0x21,0x11,0x21,0x11,0x22,0x11,0x21,0x26,              //夜深人静独徘徊
0x32,0x61,0x51,0x51,0x31,0x31,0x21,0x31,0x51,0x61,0x51,0x31,0x51,0x52,
//当幸福恋人寄来红色分享喜悦
0x31,0x31,0x81,0x81,0x81,0x61,0x91,0x81,0x61,0x31,0x56,//闭上双眼难过头也不敢回
0x32,0x32,0x81,0x81,0x81,0x81,0x91,0x81,0x61,0x81,0x61,0x51,0x31,0x51,0x34,
//仍然捡尽寒枝不肯安歇微带着后悔
0x21,0x31,0x51,0x31,0x21,0x11,0x61,0x21,0x16,//寂寞沙洲我该思念谁
0xff};
//----------------------------- 简谱音调对应的定时器初值 -----------------------------
uchar code cuzhi[] = { 0xff,0xff,                 //占位符
0xFC,0x44,0xFC,0xAD,0xFD,0x0A,0xFD,0x34,0xFD,0x83,0xFD,0xC8,0xFE,0x06,
                                       //中音 do ~ si 的计数初值 T
0xFE,0x22,0xFE,0x57,0xFE,0x85,0xFE,0x9B,0xFE,0xC2,0xFE,0xE4,0xFF,0x03};
                                       //高音 do 的计数初值 T
void delay1(uint z);                   //延时 1ms 子程序
void delay(uint z);                    //延时 165ms,即 1/4 拍子程序
void song();                           //演奏子程序
main()
{
    EA = 1;              //开总中断
    ET0 = 1;             //开定时器 T0
    TMOD = 0x01;         //定时器 T0 工作在方式 1
    TH0 = 0;
    TL0 = 0;
    TR0 = 1;
    while(1)
    {
        if(button ==0) flag = 0;
        else flag = 1;
        song();
        delay1(1000);
    }
}
void timer0() interrupt 1            //定时器 T0 溢出中断子程序用于产生各种音调
{
    TH0 = timeh;
    TL0 = timel;
    fm = ~ fm;                       //产生方波
}
void song()
{
    uint temp;
    uchar jp;                        //jp 是简谱 1 ~ 8 的变量
    i = 0;
    while(1)
    {
        if(flag ==0) temp = qnzl[i];
        else temp = jmszl[i];
        if(temp ==0xff) break;       //到曲终则跳出循环
        jp = temp/16;                //取数的高 4 位作为音调
        if(jp! =0)
```

```
        {
            timeh = cuzhi[jp* 2];          //取 T 的高 4 位值
            timel = cuzhi[jp* 2 +1];       //取 T 的低 4 位值
        }
        else
        {
            TR0 = 0;
            fm = 1;                        //关蜂鸣器
        }
        delay(temp% 16);                   //取数的低 4 位作为节拍
        TR0 = 0;                           //唱完一个音停 10ms
        fm = 1;
        delay1(10);
        TR0 = 1;
        i++;
    }
    TR0 = 0;
    fm = 1;
}
void delay(uint z)                         //延时 165ms,即 1/4 拍
{uint x,y;
    for(x = z;x > 0;x-- )
        for(y = 19000;y > 0;y-- );
}
void delay1(uint z)                        //延时 1ms
{uint x,y;
    for(x = z;x > 0;x-- )
        for(y = 112;y > 0;y-- );
}
```

2. 电子琴的设计

设计一个能演奏中音 do、re、mi、fa、so、la、si 七个音符的简易电子琴。

```
//功能:简易的电子琴
#include < reg51. h >
#define uchar unsigned char
#define uint  unsigned int
sbit fm = P1^0;                        //蜂鸣器连续的 IO 口
uchar timeh,timel,i;                   //timeh、timel 为定时器高低 4 位
//-------------------------简谱音调对应的定时器初值 -------------------------
uchar code cuzhi[] = {0xFC,0x44,
0xFC,0xAD,0xFD,0x0A,0xFD,0x34,0xFD,0x83,0xFD,0xC8,0xFE,0x06};
                                       //中音 do ~ si 的计数初值 T
void delay10ms();                      //延时 10ms 子程序
main()
{
    EA = 1;                            //开总中断
    ET0 = 1;                           //开定时器 T0
    TMOD = 0x01;                       //定时器 T0 工作在方式 1
    TH0 = 0;
    TL0 = 0;
    TR0 = 1;
```

```
    P2 = 0xff;                              //P2 口作为输入口,置全 1
    i = 0;
    while(1)
    {
        while(i == 0)                       //循环判断是否有键按下
        {
            i = P2;                         //读按键状态
            i = ~ i;                        //按键状态取反
        }
        delay10ms();                        //有键按下,延时 10ms 去抖
        do {
            i = P2;                         //再次读按键状态
            i = ~ i;                        //按键状态取反
        }while(i == 0);
        switch(i)                           //根据键值发出不同的音调
        {
            case 0x01: timeh = cuzhi[0];timel = cuzhi[1];break;     //发音 do
            case 0x02: timeh = cuzhi[2];timel = cuzhi[3];break;     //发音 re
            case 0x04: timeh = cuzhi[4];timel = cuzhi[5];break;     //发音 mi
            case 0x08: timeh = cuzhi[6];timel = cuzhi[7];break;     //发音 fa
            case 0x10: timeh = cuzhi[8];timel = cuzhi[9];break;     //发音 so
            case 0x20: timeh = cuzhi[10];timel = cuzhi[11];break;   //发音 la
            case 0x40: timeh = cuzhi[12];timel = cuzhi[13];break;   //发音 si
            default:break;
        }
        while(i! = 0)                        //循环判断是否按键释放
        {
            i = P2;                          //读按键状态
            i = ~ i;                         //按键状态取反
        }
        delay10ms();                         //键释放,延时 10ms 去抖
        do                                   //再次判断是否按键释放
        {
            i = P2;
            i = ~ i;
        }while(i! = 0);
        fm = 1;
        timeh = 0xff;
        timel = 0xff;
    }
}
void timer0() interrupt 1                    //定时器 0 溢出中断子程序用于产生各种音调
{
    TH0 = timeh;
    TL0 = timel;
    fm = ~ fm;                               //产生方波
}
void delay10ms()                             //延时 10ms 子程序
{uint x,y;
    for(x = 10;x > 0;x--)
        for(y = 112;y > 0;y--);
}
```

项目八

数字温度计的设计

项目描述：

在工业生产、医疗卫生、日常生活中，有很多测量温度的需求，本项目使用 DS18B20 温度传感器实现了 3 种简单易用的电子设计。

知识目标：

1）了解 DS18B20 的特性。

2）掌握 DS18B20 与单片机的接口方法。

3）掌握单片机控制 DS18B20 进行温度采集的方法。

能力目标：

1）能设计 DS18B20 与单片机的接口电路。

2）能编写 DS18B20 的驱动程序。

3）能设计基于 DS18B20 的温度采集电路。

教学重点：

1）掌握 DS18B20 单片机接口电路的设计。

2）掌握 DS18B20 的驱动程序的编写。

教学难点：

1）DS18B20 单片机接口电路的设计。

2）掌握 DS18B20 的驱动程序的编写。

任务一　用 DS18B20 设计电子温度计

【任务导入】

在工业生产中，需要各类传感器采集外部数据并进行分析和控制。温度是最常用的一项指标。本节我们将讨论如何通过温度传感器采集数据。

【任务分析】

设计一款基于51单片机的数字温度计,采用DS18B20作为温度传感器,用4位数码管显示当前温度值,测温范围:−30 ~ 110℃,误差为±0.5℃。

【知识链接】

一、DS18B20硬件基础

1. DS18B20的性能特点

DS18B20是美国DALLAS半导体公司继DS1820之后推出的一种改进型智能温度传感器,具有3引脚TO−92小体积封装形式。与传统的热敏电阻相比,它能够直接读出被测温度并且可根据实际要求通过简单的编程实现9 ~ 12位的数字值读数方式,可以分别在93.75ms和750ms内完成9位和12位的A−D转换,并且从DS18B20读出信息或信息写入DS18B20仅需要一根口线(单线接口),总线本身也可以向所挂接的DS18B20供电,而无需额外电源。因而使用DS18B20可使系统结构更趋简单,可靠性更高。DS18B20的性能特点可以归纳如下:

1) 独特的单线接口方式:DS18B20与微处理器连接时仅需要一条口线即可实现微处理器与DS18B20的双向通信。

2) 在使用中不需要任何外围元器件。

3) 可用数据线供电,电压范围:+3.0 ~ +5.5V。

4) 测温范围:−55 ~ +125℃。固有测温分辨率为0.5℃。

5) 通过编程可实现9 ~ 12位的数字格式。

6) 用户可设定非易失性的报警上下限值。

7) 支持多点组网功能,多个DS18B20可以并联在唯一的单线上,实现多点测温。

8) 负压特性,电源极性接反时,温度计不会因发热而烧毁,但不能正常工作。

2. DS18B20的内部结构

DS18B20采用3脚TO−92封装或8脚SO-IC封装,DQ为数字信号输入/输出端;GND为电源地;VDD为外接供电电源输入端(在寄生电源接线方式时接地)。其引脚图如图8-1所示,内部结构如图8-2所示。它主要由4部分组成:64位ROM、温度灵敏元件、非易失性的温度报警触发器TH和TL、配置寄存器。

ROM中的64位序列号是出厂前被光刻好的,它可以看作是该DS18B20的地址序列码,每个DS18B20的64位序列号均不相同,开始8位是产品类型的编码,接着是每个器件的唯一序号,共有48位,最后8位是前面56位的

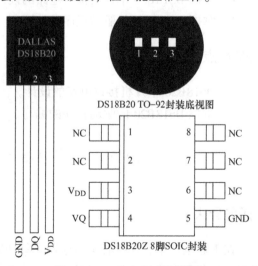

图8-1 DS18B20的引脚排列

CRC 校验码（CRC = $X^8 + X^5 + X^4 + 1$）。ROM 的作用是使每一个 DS18B20 都各不相同，这样就可以实现一根总线上挂接多个 DS18B20 的目的。64 位 ROM 结构见表 8-1。

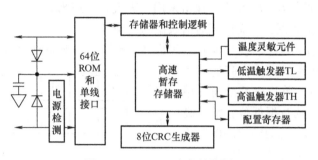

图 8-2　DS18B20 内部结构图

表 8-1　64 位 ROM 结构

8 位 CRC	48 位序列号	8 位工厂代码（10H）

非易失性温度报警触发器 TH 和 TL，可通过软件写入报警上下限值。DS18B20 温度传感器的内部存储器还包括一个高速暂存 RAM 和一个非易失性的可电擦除的 E2PROM。高速暂存 RAM 包含 8 字节存储器，其结构如图 8-3 所示。前两个字节包含测得的温度信息。第 3 和第 4 字节是 TH 和 TL 的复制，是易失的，每次上电复位时被刷新。第 5 字节为配置寄存器，它的内容用于确定温度值的数字转换分辨率。DS18B20 工作时按此寄存器中的分辨率将温度转换为相应精度的数值。该字节各位的定义如图 8-4 所示。低 5 位一直为 1，TM 是测试模式位，用于设置 DS18B20 在工作模式还是在测试模式。在 DS18B20 出厂时该位被

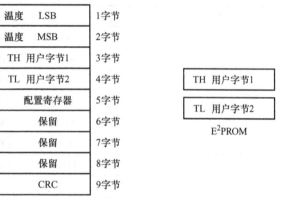

图 8-3　高速暂存 RAM 结构图

图 8-4　配置寄存器

设置为 0，用户不要去改动，R1 和 R0 决定温度转换的精度位数，即用来设置分辨率，设置方法见表 8-2。

表 8-2　DS18B20 分辨率的设置

R1	R0	分辨率/位	温度最大转换时间/ms
0	0	9	93.75
0	1	10	187.5
1	0	11	375
1	1	12	750

由表 8-2 可见，DS18B20 温度转换时间比较长，而且设定的分辨率越高，所需要的温度数据转换时间就越长，因此，在实际应用中要将分辨率和转换时间权衡考虑。

高速暂存 RAM 的第 6、7、8 字节保留未用，表现为全逻辑 1。第 9 字节读出前 8 个字节的 CRC 码，用来校验数据，从而保证通信数据的正确性。

当 DS18B20 接收到温度转换命令后，开始启动转换。转换完成后的稳定值以 16 位带符号扩展的二进制补码形式存储在高速暂存 RAM 的第 1、2 字节。单片机可以通过单线接口读出该数据，读数据低位在前，高位在后，数据格式以 0.0625℃/LSB 形式表示。温度数据值格式如图 8-5 所示。

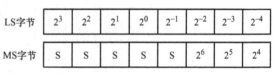

图 8-5　温度数据值格式

当符号位 S = 0 时，表示测得的温度值是正值，可以直接将二进制数转换为十进制数；当符号位 S = 1 时，表示测得的温度值是负值，要先将补码变成原码，再计算其对应的十进制数。表 8-3 是部分温度值对应的二进制数据。

表 8-3　DS18B20 温度与输出数据对应表

温度/℃	二进制表示		十六进制表示
+ 125	0000 0111	1101 0000	07D0H
+ 85	0000 0101	0101 0000	0550H
+ 25.0625	0000 0001	1001 0001	0191H
+ 10.125	0000 0000	1010 0010	00A2H
+ 0.5	0000 0000	0000 1000	0008H
0	0000 0000	0000 0000	0000H
− 0.5	1111 1111	1111 1000	FFF8H
− 10.125	1111 1111	0101 1110	FF5EH
− 25.0625	1111 1110	0110 1111	FE6FH
− 55	1111 1100	1001 0000	FC90H

表 8-3 是 DS18B20 温度采集转化后得到的 12 位数据，存储在 DS18B20 的两个 8bit 的 RAM 中，二进制中的前面 5 位是符号位，如果测得的温度大于或等于 0，这 5 位为 0，只要将测到的数值乘以 0.0625，即可得到实际温度；如果温度小于 0，这 5 位为 1，测到的数值需要取反加 1 再乘以 0.0625，即可得到实际温度。

温度转换计算方法举例如下。

【例 8-1】 当 DS18B20 采集到 + 125℃ 的实际温度后，输出为 07D0H，则

实际温度 = 07D0H × 0.0625℃ = 2000 × 0.0625℃ = 125℃

【例 8-2】 DS18B20 采集到 − 55℃ 的实际温度后，输出为 FC90H，则应先将 11 位数据位取反加 1 得 370H（符号位不变，也不作为计算），则

实际温度 = 370H × 0.0625℃ = 880 × 0.0625 = 55℃

DS18B20 完成温度转换后，把测得的温度值与 RAM 中 TH、TL 字节内容作比较，若 T > TH 或 T < TL，则将该器件内的报警标志位置位，并对主机发出的报警搜索命令做出响应。因此，可用多只 DS18B20 同时测量温度并进行报警搜索。

在 64 位 ROM 的最高有效字节中存储有循环冗余校验码（CRC）。主机根据 ROM 的前 56 位来计算 CRC 值，并与存入 DS18B20 的 CRC 值做比较，以判断主机接收到的 ROM 数据是否正确。

3. DS18B20 与单片机的典型接口设计

DS18B20 可以采用两种方式供电：一种是采用电源供电方式，此时 DS18B20 的 1 脚接地，2 脚作为信号线，3 脚接电源；另一种是寄生电源供电方式，如图 8-6 所示。单片机端口接单总线，为保证在有效的 DS18B20 时钟周期内提供足够的电流，可以用一个 MOSFET 管来完成对总线的上拉。当 DS18B20 处于写存储器操作和温度 A－D 转换操作时，总线上必须有强的上拉，上拉开启时间最大为 10μs。采用寄生电源供电方式时 VDD 和 GND 端均接地。由于单线制只有一根线，因此发送接口必须是三态的。

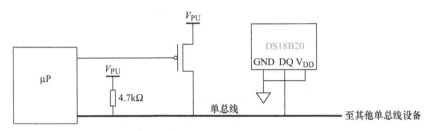

图 8-6　寄生电源供电方式

二、系统程序设计

系统程序主要包括主函数、DS18B20 初始化函数、DS18B20 写字节函数、DS18B20 读字节函数、温度计算转换函数和显示函数、串行口初始化函数、串行口发送函数、报警函数等。

1. 主函数

主函数的主要功能是初始化并负责温度的读出、处理计算及显示、串行口发送等。温度测量每 2s 进行一次。

2. DS18B20 初始化函数

初始化函数时序如图 8-7 所示，总线控制器拉低总线并保持 480μs 以发出一个复位脉冲，然后释放总线，进入接收状态。单总线由 5kΩ 上拉电阻拉到高电平。当 DS18B20 探测到 I/O 引脚上的上升沿后，等待 15~60μs，然后发出一个由 60~240μs 低电平信号构成的存在脉冲。

3. DS18B20 写字节函数

总线控制器通过写 1 时序写逻辑 1 到 DS18B20，写 0 时序写逻辑 0 到 DS18B20。所有写时序必须最少持续 60μs，包括两个写周期之间至少 1μs 的恢复时间。当总线控制器把数据线从逻辑高电平拉到低电平的时候，写时序开始（见图 8-8）。总线控制器要产生一个写时序，必须把数据线拉到低电平然后释放，在写时序开始后的 15μs 释放总线。总线被释放时，5kΩ 的上拉电阻将拉高总线。总线控制器要生成一个写 0 时序，必须把数据线拉到低电平并持续保持（至少 60μs）。

总线控制器初始化写时序后，DS18B20 在一个 15~60μs 的窗口内对 I/O 线采样。如果线上是高电平，就是写 1。如果线上是低电平，就是写 0。

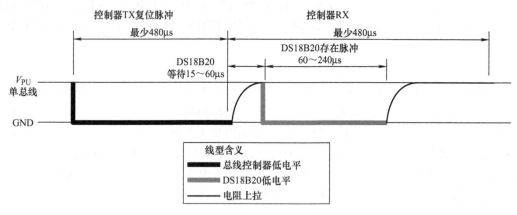

图 8-7　DS18B20 初始化时序

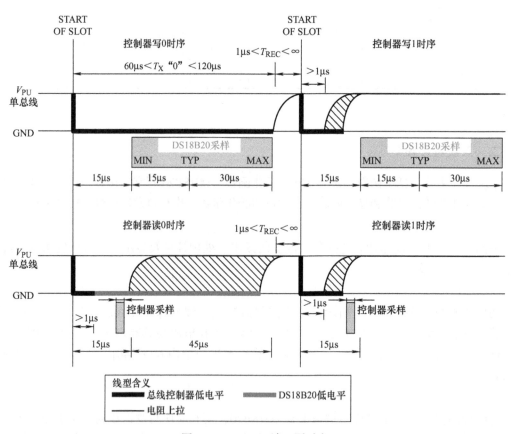

图 8-8　DS18B20 读、写时序

4. DS18B20 读字节函数

所有读时序必须最少 60μs，包括两个读周期间至少 1μs 的恢复时间。当总线控制器把数据线从高电平拉到低电平时，读时序开始，数据线必须至少保持 1μs，然后总线被释放（见图 8-8）。在总线控制器发出读时序后，DS18B20 通过拉高或拉低总线来传输 1 或 0。当传输逻辑 0 结束后，总线将被释放，通过上拉电阻回到上升沿状态。从 DS18B20 输出的数据在读时序的下降沿出现后 15μs 内有效。因此，总线控制器在读时序开始后必须停止把 I/O 脚驱动为低电平 15μs，以读取 I/O 脚状态。

5. 温度计算转换函数

温度数据处理程序将 12 位温度值进行 BCD 码转换运算，并进行温度值正负的判定，其程序流程图如图 8-9 所示。

6. DS18B20 的主要 ROM 命令

一旦总线主机检测到从属器件的存在，它便可以发出 ROM 操作命令之一。所有 ROM 操作命令均为 8bit。这些命令列表如下：

1）**Read ROM（读 ROM）**［33h］。此命令允许总线主机读 DS18B20 的 8 位产品系列编码，唯一的 48bit 序列号，以及 8bit 的 CRC。此命令只能在总线上仅有一个 DS18B20 的情况下使用。如果总线上存在多于一个的从属器件，那么当所有从属器件企图同时发送时将发生数据冲突现象（漏极开路会产生线与的结果）。

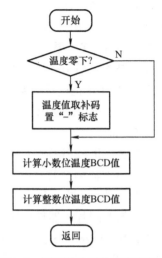

图 8-9　温度转换函数程序流程图

2）**Match ROM（符合 ROM）**［55h］。此命令后继以 64bit 的 ROM 数据序列，允许总线主机对多点总线上特定的 DS18B20 寻址。只有与 64bit 的 ROM 序列严格相符的 DS18B20 才能对后继的存储器操作命令做出响应。所有与 64bit 的 ROM 序列不符的从片将等待复位脉冲。此命令在总线上有单个或多个器件的情况下均可使用。

3）**Skip ROM（跳过 ROM）**［CCh］。在单总线系统中，此命令通过允许总线主机不提供 64bit 的 ROM 编码而访问存储器操作来节省时间。如果在总线上存在多于一个的从属器件而且在"Skip ROM"命令之后发出读命令，那么由于多个从片同时发送数据，会在总线上发生数据冲突（漏极开路下拉会产生线与的效果）。

4）**Search ROM（搜索 ROM）**［F0h］。当系统开始工作时，总线主机可能不知道单总线上的器件个数或者不知道其 64bit 的 ROM 编码。搜索 ROM 命令允许总线控制器用排除法识别总线上的所有从机的 64bit 的编码。

5）**Alarm Search（告警搜索）**［ECh］。此命令的流程与搜索 ROM 命令相同。但是，仅在最近一次温度测量出现告警的情况下，DS18B20 才对此命令做出响应。告警的条件定义为温度高于 TH 或低于 TL。只要 DS18B20 一上电，告警条件就保持在设置状态，直到另一次温度测量显示出非告警值或者改变 TH 或 TL 的设置，使得测量值再一次位于允许的范围之内。

6）**Write Scratchpad（写暂存存储器）**［4Eh］。这个命令向 DS18B20 的暂存存储器中写入数据，随后写入的两个字节将被存到暂存存储器中的地址位置 2 和 3。可以在任何时刻发出复位命令来中止写入。

7）**Read Scratchpad（读暂存存储器）**［BEh］。这个命令读取暂存存储器的内容。读取将从字节 0 开始，一直进行下去，直到第 9（字节 8，CRC）字节读完。如果不想读完所有字节，控制器可以在任何时间发出复位命令来中止读取。

8）**Copy Scratchpad（复制暂存存储器）**［48h］。这条命令把暂存存储器的内容复制到

DS18B20 的 E2PROM 存储器里，即把温度报警触发字节存入非易失性存储器里。如果总线控制器在这条命令之后跟着发出读时间隙，而 DS18B20 又正在忙于把暂存存储器复制到 E2PROM 存储器，DS18B20 就会输出一个"0"，如果复制结束的话，DS18B20 则输出"1"。如果使用寄生电源，总线控制器必须在这条命令发出后立即起动强上拉并最少保持 10ms。

9）Convert T（温度转换）[44h]。这条命令启动一次温度转换而无需其他数据。温度转换命令被执行后 DS18B20 保持等待状态。如果总线控制器在这条命令后跟着发出读时间隙，而 DS18B20 正进行做温度转换时，DS18B20 将在总线上输出"0"，若温度转换完成，则输出"1"。如果使用寄生电源，总线控制器就必须在发出这条命令后立即起动强上拉，并保持 500ms。

10）Recall E2PROM（重新调整 E2PROM）[B8h]。这条命令把存储在 E2PROM 中温度触发器的值重新调至暂存存储器。这种重新调出的操作在对 DS18B20 上电时也自动发生，因此只要器件一上电，暂存存储器内就有了有效的数据。这条命令发出后，对于所发出的第一个读数据时间片，器件会输出温度转换忙的标识："0"=忙；"1"=准备就绪。

11）Read Power Supply（读电源）[B4h]。对于在此命令发送至 DS18B20 后所发出的第一读数据的时间片，器件都会给出其电源方式的信号："0"=寄生电源供电；"1"=外部电源供电。

7. 温度数据的计算处理方法

从 DS18B20 读取的二进制数值必须先转换成十进制数值，才能用于字符的显示。因为 DS18B20 的转换精度为 9~12bit 可选，为了提高精度采用 12bit。在采用 12bit 转换精度时，温度寄存器里的值是以 0.0625 为步进，即温度值为温度寄存器里的二进制值乘以 0.0625，就是实际的十进制温度值。通过观察表 8-4 可以发现一个十进制值和二进制值之间有很明显的关系，就是把二进制高字节的低半字节和低字节的高半字节组成一个字节，这个字节的二进制值转化为十进制值后，就是温度值的百、十、个位值，而剩下的低字节的低半字节转化成十进制后，就是温度值的小数部分。因为小数部分是半字节，所以二进制值的范围是 0~F，转换成十进制小数值就是 0.0625 的倍数（0~15 倍）。这样需要 4 位数码管来显示小数部分，实际应用不必有这么高的精度，采用 1 位数码管来显示小数，可以精确到 0.1℃。

表 8-4 小数部分二进制和十进制的近似对应关系表

小数部分二进制值	0	1	2	3	4	5	6	7	8	9	A	B	C	D	E	F
十进制值	0	1	1	2	3	3	4	4	5	6	6	7	8	8	9	9

【任务实施】

一、任务目的

1）掌握 DS18B20 控制寄存器的读写方法。

2）熟悉 DS18B20 的引脚功能及排列。

3）掌握 DS18B20 读写时序。

二、软件及元器件

1）STC – ISP 下载软件。

2）Keil μVision 4。

3）下载线、DS18B20。

4）单片机实验板。

5）Proteus 7. 7。

三、内容与步骤

1）绘制仿真原理图，如图 8-10 所示。

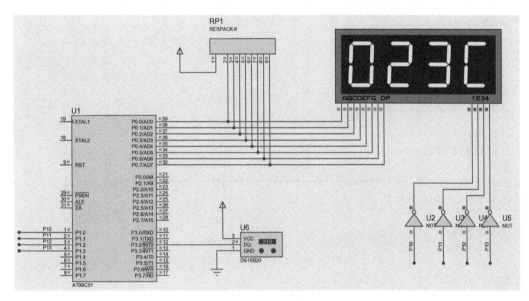

图 8-10　电子温度计原理图

2）程序设计。

```c
//头文件:
#include "reg51. h"
/******** 宏定义 ***********************************************/
#define uchar unsigned char
#define uint unsigned int
/******** IO引脚定义 **********************************************/
sbit DS = P3^2;              //定义 DS18B20 接口
//引脚定义:
sbit SMG_q = P1^0;           //定义数码管阳极控制脚(千位)
sbit SMG_b = P1^1;           //定义数码管阳极控制脚(百位)
sbit SMG_s = P1^2;           //定义数码管阳极控制脚(十位)
sbit SMG_g = P1^3;           //定义数码管阳极控制脚(个位)
//变量定义:
unsigned char ly_dis[4];     //定义显示缓冲区
unsigned char table[] =
        {0xc0,0xf9,0xa4,0xb0,0x99,0x92,0x82,0xf8,0x80,0x90,0xc6,0xbf };
```

//表:共阳极数码管 0 ~ 9、C、- 的字形码

```
/************ 延时子函数 **************************************/
void delayb(uint count)
{
  uint i;
  while(count)
  {
    i = 200;
    while(i > 0)
    i--;
    count--;
  }
}
/************ DS18B20 初始化 **************************************/
void dsreset(void)
{
  uint i;
  DS = 0;
  i = 103;
  while(i > 0)i--;
  DS = 1;
  i = 4;
  while(i > 0)i--;
}
/************ 读一位 **************************************/
bit tmpreadbit(void)
{
  uint i;
  bit dat;
  DS = 0;
  i++;
  DS = 1;
  i++;i++;
  dat = DS;
  i = 8;
  while(i > 0)i--;
  return(dat);
}
/************ 读一个字节 **************************************/
uchar tmpread(void)
{
  uchar i,j,dat;
  dat = 0;
  for(i = 1;i <= 8;i++)
  {
    j = tmpreadbit();
    dat = (j << 7)|(dat >> 1);     //读出的数据最低位在最前面,这样刚好一个字节在 DAT 里
  }
  return(dat);                     //将一个字节数据返回
}
/************ 写一个字节 **************************************/
```

```
void tmpwritebyte(uchar dat)
{
  uint i;
  uchar j;
  bit testb;
  for(j=1;j<=8;j++)
  {
    testb=dat&0x01;
    dat=dat>>1;
    if(testb)                    // 写 1 部分
    {
      DS=0;
      i++;i++;
      DS=1;
      i=8;
      while(i>0)i--;
    }
    else
    {
      DS=0;                      //写 0 部分
      i=8;
      while(i>0)i--;
      DS=1;
      i++;i++;
    }
  }
}
/*********** 发送温度转换命令*********************************************/
void tmpchange(void)
{
  dsreset();                     //初始化 DS18B20
  delayb(1);                     //延时
  tmpwritebyte(0xcc);            // 跳过序列号命令
  tmpwritebyte(0x44);            //发送温度转换命令
}
/*********** 获得温度********************************************************/
int tmp()
{
  int temp;
  uchar a,b;
  dsreset();
  delayb(1);
  tmpwritebyte(0xcc);
  tmpwritebyte(0xbe);            //发送读取数据命令
  a=tmpread();                   //连续读两个字节数据
  b=tmpread();
  temp=b;
  temp<<=8;
  temp=temp|a;                   //两字节合成一个整型变量
  return temp;                   //返回温度值
}
```

```
/**** 读取温度传感器的序列号 ************************************************/
void readrom()                        //本程序中没有用到此函数
{
  uchar sn1,sn2;
  dsreset();
  delayb(1);
  tmpwritebyte(0x33);
  sn1 = tmpread();
  sn2 = tmpread();
}
//延时子函数,短暂延时
void delay(void)
{
    unsigned char i =10;
    while(i--);
}
//显示函数,显示缓冲区内容
void display(void)
{
    SMG_q =0;                        //选择千位数码管
    P0 = table[ly_dis[0]];
    delay();
    P0 =0XFF;
    SMG_q =1;
    SMG_b =0;                        //选择百位数码管
    P0 = table[ly_dis[1]];
    delay();                         //延时
    P0 =0XFF;
    SMG_b =1;

    SMG_s =0;                        //选择十位数码管
    P0 = table[ly_dis[2]];
    delay();
    P0 =0XFF;
    SMG_s =1;

    SMG_g =0;                        //选择个位数码管
    P0 = table[ly_dis[3]];
    delay();
    P0 =0XFF;
    SMG_g =1;
}
//主函数,C语言的入口函数:
void main()
{
    unsigned int i =0;
    char ltemp;
    while(1){
        if(i ==0)                    //先发转换命令,再读数值,以减少速度慢带来的显示抖动
            tmpchange();             //温度转换
        if(i ==100){
```

```
            ltemp = tmp()/16;    //得到十进制温度值,因为 DS18B20 可以精确到 0.0625℃,
                                  //这里取整数显示
            if(ltemp < 0)        //判断第一位是否显示负号
            {
                ly_dis[0] = 11; //显示 -
                ltemp = 0 - ltemp;
            }
            else
                ly_dis[0] = ltemp/100;     //显示百位值
                ltemp = ltemp% 100;
                ly_dis[1] = ltemp/10;      //显示温度十位值
                ly_dis[2] = ltemp% 10;     //显示温度个位值
                ly_dis[3] = 10;            //最后一位显示一个 C 单位
        }
        i++;
        if(i == 3000)                      //3000 一个读取周期
            i = 0;
        display();                         //调用显示
    }
}
```

3）在 Proteus 中仿真运行，验证程序正确性。

4）如图 8-10 所示，将 DS18B20 连接到实验板，将程序下载到单片机实验板进行验证。

【任务评价】

1）分组汇报 DS18B20 数字温度计的程序设计方法，演示实验效果，并回答相关问题。

2）填写任务评价表，见表 8-5。

表 8-5 任务评价表

	评价内容	评价标准	分值	学生自评	小组互评	教师评价
知识目标	DS18B20 结构	理解 DS18B20 结构				
	DS18B20 读写时序	掌握 DS18B20 读写时序				
	DS18B20 引脚功能	掌握 DS18B20 引脚功能				
	DS18B20 初始化	掌握 DS18B20 初始化程序编程方法				
技能目标	能够编写基于 DS18B20 温度计程序	掌握基于 DS18B20 温度计程序的设计方法				
	安全操作	安全用电、遵守规章制度				
	现场管理	按企业要求进行现场管理				

【任务总结】

DS18B20 使用"1 – wire"总线可以将多个器件方便地连接到 CPU。这种特性使得 DS18B20 温度传感器电路易于扩充和维护，因此 DS18B20 在工业生产中得到了广泛的应用。

拓 展 任 务

实现电子温度计,要求温度显示值精确到小数点后面1位。

修改主函数为:

```
void main()
{
    unsigned int i = 0;
    float tt;
    int ltemp;
    while(1){
        if(i == 0)
            tmpchange();              //温度转换
        if(i == 100){
            tt = tmp() * 0.0625;      //得到真实十进制温度值,因为DS18B20可以精确到
                                      //0.0625℃所以读回数据的最低位代表的是0.0625℃
            ltemp = tt * 10 + 0.5;    //放大10倍,这样做的目的是将小数点后第一位也转换
                                      //为可显示数字,同时进行四舍五入操作
            if(ltemp < 0){            //判断第一位是否显示负号
                ly_dis[0] = 0xbf;
                ltemp = 0 - ltemp;
            }
            else
            ly_dis[0] = ltemp/1000;   //显示百位值
            ltemp = ltemp % 1000;
            ly_dis[1] = ltemp/100;    //显示温度十位值
            ltemp = ltemp % 100;
            ly_dis[2] = ltemp/10;     //显示温度个位值
            ly_dis[3] = ltemp % 10;   //显示小数点后一位
        }
        i++;
        if(i == 3000)
            i = 0;
        display();                    //调用显示
    }
}
```

任务二　温度报警器的设计与实现

【任务导入】

上一任务中,我们学会了通过DS18B20获取环境温度。本任务将讨论如何在上个任务的基础上制作一个简易的温度报警装置。

【任务分析】

当环境温度低于25℃时,发光二极管P2.3点亮,启动继电器,蜂鸣器报警;当环境温度高于37℃,发光二极管P2.0点亮,关闭继电器。

【任务实施】

一、任务目的

1）掌握 DS18B20 控制寄存器的读写方法。

2）熟悉 DS18B20 的引脚功能及排列。

3）掌握 DS18B20 读写时序。

4）掌握综合利用已有知识编程的能力。

二、软件及元器件

1）STC – ISP 下载软件。

2）Keil μVision 4。

3）下载线、DS18B20。

4）单片机实验板。

5）Proteus 7.7。

三、内容与步骤

1）在 Proteus 中绘制原理图，如图 8-11 所示。

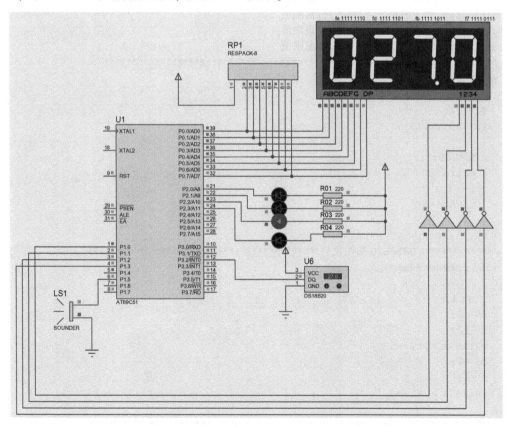

图 8-11　温度报警器电路原理图

2) C程序设计。

```c
//头文件：
#include "reg51.h"
/******** 宏定义 ********************************************************/
#define uchar unsigned char
#define uint unsigned int
/******** IO 引脚定义 ****************************************************/
sbit DS = P3^2;              //定义 DS18B20 接口
sbit beep = P1^5;            //蜂鸣器
sbit JDQ = P1^4;             //继电器
//引脚定义：
sbit SMG_q = P1^0;           //定义数码管阳极控制脚(千位)
sbit SMG_b = P1^1;           //定义数码管阳极控制脚(百位)
sbit SMG_s = P1^2;           //定义数码管阳极控制脚(十位)
sbit SMG_g = P1^3;           //定义数码管阳极控制脚(个位)
//变量定义：
unsigned char ly_dis[4];     //定义显示缓冲区
unsigned char table[] =
             {0xc0,0xf9,0xa4,0xb0,0x99,0x92,0x82,0xf8,0x80,0x90,0xc6,0xbf};
                             //表:共阳极数码管 0～9、C、-的字形码
uint temp;
float f_temp;
uint warn_l1 =270;           //低温限值
uint warn_l2 =250;           //低温限值
uint warn_h1 =300;           //高温限值
uint warn_h2 =320;           //高温限值
/************ 延时子函数 ***********************************************/
void delayb(uint count)
{
  uint i;
  while(count)
  {
    i =200;
    while(i >0)
    i--;
    count--;
  }
}
/************ DS18B20 初始化 *******************************************/
void dsreset(void)
{
  uint i;
  DS =0;
  i =103;
  while(i >0)i--;
  DS =1;
  i =4;
  while(i >0)i--;
}
/************ 读一位 **************************************************/
bit tmpreadbit(void)
```

```
{
  uint i;
  bit dat;
  DS = 0;
  i++;
  DS = 1;
  i++;i++;
  dat = DS;
  i = 8;
  while(i > 0)i--;
  return(dat);
}
/************* 读一个字节 *****************************************************/
uchar tmpread(void)
{
  uchar i,j,dat;
  dat = 0;
  for(i = 1;i <= 8;i++)
  {
    j = tmpreadbit();
    dat = (j << 7)|(dat >> 1);    //读出的数据最低位在最前面,这样刚好一个字节在 DAT 里
  }
  return(dat);              //将一个字节数据返回
}
/************* 写一个字节 *****************************************************/
void tmpwritebyte(uchar dat)
{
  uint i;
  uchar j;
  bit testb;
  for(j = 1;j <= 8;j++)
  {
    testb = dat&0x01;
    dat = dat >> 1;
    if(testb)             // 写 1 部分
    {
      DS = 0;
      i++;i++;
      DS = 1;
      i = 8;
      while(i > 0)i--;
    }
    else
    {
      DS = 0;             //写 0 部分
      i = 8;
      while(i > 0)i--;
      DS = 1;
      i++;i++;
    }
  }
```

```
}
/*********** 发送温度转换命令 ****************************************************/
void tmpchange(void)
{
  dsreset();                 //初始化 DS18B20
  delayb(1);                 //延时
  tmpwritebyte(0xcc);        // 跳过序列号命令
  tmpwritebyte(0x44);        //发送温度转换命令
}
/*********** 获得温度 **********************************************************/
int tmp()
{
  int temp;
  uchar a,b;
  dsreset();
  delayb(1);
  tmpwritebyte(0xcc);
  tmpwritebyte(0xbe);        //发送读取数据命令
  a = tmpread();             //连续读两个字节数据
  b = tmpread();
  temp = b;
  temp <<= 8;
  temp = temp |a;            //两字节合成一个整型变量
  return temp;               //返回温度值
}
/******* 读取温度传感器的序列号 *************************************************/
void readrom()              //本程序中没有用到此函数
{
  uchar sn1,sn2;
  dsreset();
  delayb(1);
  tmpwritebyte(0x33);
  sn1 = tmpread();
  sn2 = tmpread();
}
//延时子函数,短暂延时
void delay(void){
    unsigned char i =10;
    while(i--);
}
//显示函数,显示缓冲区内容
void display(void)
{
    SMG_q =0;               //选择千位数码管
    P0 = table[ly_dis[0]];
    delay();
    P0 = 0XFF;
    SMG_q =1;
    SMG_b =0;               //选择百位数码管
    P0 = table[ly_dis[1]];
    delay();                //延时
```

```
        P0 = 0XFF;
        SMG_b = 1;
        SMG_s = 0;                  //选择十位数码管
        P0 = table[ly_dis[2]];
        P0 &= 0x7f;
        delay();
        P0 = 0XFF;
        SMG_s = 1;
        SMG_g = 0;                  //选择个位数码管
        P0 = table[ly_dis[3]];
        delay();
        P0 = 0XFF;
        SMG_g = 1;
}
void deal(uint t)
{
        if(t <= warn_l2)            //小于25℃
        {
            P2 = 0xf7;
            JDQ = 0;                     //低于下限温度启动继电器
        }
        else if((t > warn_l2) && (t <= warn_l1))       //大于25℃小于27℃
        {
            P2 = 0xfb;
        }
        else if((t < warn_h2) && (t >= warn_h1))        //小于32℃大于30℃
        {
            P2 = 0xfd;
        }
        else if(t >= warn_h2)                            //大于32℃
        {
            P2 = 0xfe;
            JDQ = 0;                                         //达到上限温度关闭继电器
        }
}
//主函数,C语言的入口函数:
void main()
{
        unsigned int i = 0;
        float tt;
        int ltemp;
        while(1)
        {
            if(i == 0)                 //先发转换命令,再读数值,以减少速度慢带来的显示抖动
                tmpchange();           //温度转换
            if(i == 100)
            {
                tt = tmp() * 0.0625;   //得到真实十进制温度值,因为DS18B20可以精确到
                                       //0.0625℃,所以读回数据的最低位代表的是0.0625℃
                ltemp = tt * 10 + 0.5; //放大10倍,这样做的目的是将小数点后第一位也转换为可
                                       //显示数字,同时进行四舍五入操作
```

```
        deal(ltemp);
        if(ltemp<0){              //判断第一位是否显示负号
            ly_dis[0]=0xbf;
            ltemp=0-ltemp;
        }
        else
            ly_dis[0]=ltemp/1000;      //显示百位值
            ltemp=ltemp%1000;
            ly_dis[1]=ltemp/100;       //显示温度十位值
            ltemp=ltemp%100;
            ly_dis[2]=ltemp/10;        //显示温度个位值
            ly_dis[3]=ltemp%10;        //显示小数点后一位
        }
        i++;
        if(i==3000)               //3000 一个读取周期
            i=0;
        display();                //调用显示
    }
}
```

3）在 Proteus 中仿真运行，验证程序正确性。

4）如图 8-11 所示，将 DS18B20 连接到实验板，将程序下载到单片机实验板进行验证。注意此时需要将 P1.4、P1.5 电平反相。

【任务评价】

1）分组汇报 DS18B20 数字温度计的程序设计方法，演示实验效果，并回答相关问题。

2）填写任务评价表，见表 8-6。

表8-6　任务评价表

	评价内容	评价标准	分值	学生自评	小组互评	教师评价
知识目标	DS18B20 结构	理解 DS18B20 结构				
	DS18B20 读写时序	掌握 DS18B20 读写时序				
	DS18B20 引脚功能	掌握 DS18B20 引脚功能				
	DS18B20 初始化	掌握 DS18B20 初始化程序编程方法				
技能目标	能够编写基于 DS18B20 报警器程序	掌握基于 DS18B20 报警器程序的设计方法				
	安全操作	安全用电、遵守规章制度				
	现场管理	按企业要求进行现场管理				

【任务总结】

通过设置报警阈值，将采样温度与报警阈值进行比较，就可以实现一个简单的温度报警器。在工业生产中，常常需要测量多个距离较远的位置的温度值，并上传到 PC 进行数据分析和处理，这需要综合运用单片机的串行口来实现。

任务三　智能温度计的设计

【任务导入】

在前两个任务中，我们学会了通过 DS18B20 获取环境温度。本节我们将会讨论如何将测量数据上传到基于 PC 的上位机中进行处理。

【任务分析】

通过 DS18B20 采集温度，用数码管显示当前温度值，并通过串行口将温度值传送到 PC。

【任务实施】

一、任务目的

1）掌握 DS18B20 控制寄存器的读写方法。

2）熟悉 DS18B20 的引脚功能及排列。

3）掌握 DS18B20 读写时序。

4）掌握综合利用已有知识编程的能力。

二、软件及元器件

1）STC – ISP 下载软件。

2）Keil μVision 4。

3）下载线、DS18B20。

4）单片机实验板。

5）Proteus 7. 7。

三、内容与步骤

1）在 Proteus 中绘制原理图，如图 8-12 所示。使用虚拟终端显示当前温度，如图 8-13 所示。

2）程序设计。

```c
#include <reg52. h>
#include <stdio. h>
#define uchar unsigned char
#define uint  unsigned int
sbit ds = P3^2;            //温度传感器信号线
sbit beep = P1^5;          //蜂鸣器
uint temp;
```

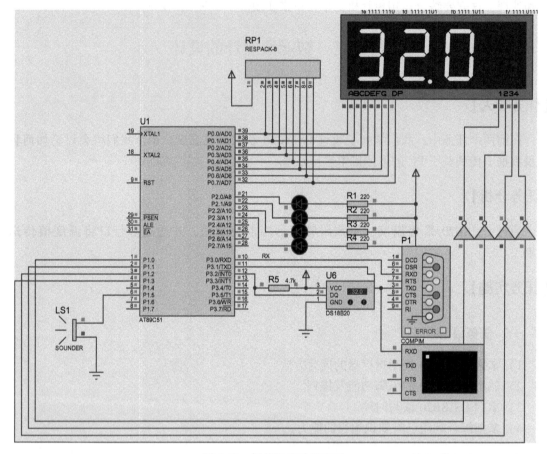

图 8-12　智能温度计原理图

```
float f_temp;
uint warn_l1 =260;
uint warn_l2 =250;
uint warn_h1 =300;
uint warn_h2 =320;
unsigned char code t1[] ={0xc0,0xf9,0xa4,0xb0,0x99,
                 0x92,0x82,0xf8,0x80,0x90};
unsigned char code t2[] ={0x40,0x79,0x24,0x30,0x19,
                 0x12,0x02,0x78,0x00,0x10};  //0～9带小数点
void delay(uint z)         //延时函数
{
    uint x,y;
    for(x=z;x>0;x--)
        for(y=110;y>0;y--);
}
void dsreset(void)          //18B20复位,初始化函数
{
    uint i;
    ds=0;
```

图 8-13　虚拟终端显示当前温度值

```
    i =103;
    while(i >0)i--;
    ds =1;
    i =4;
    while(i >0)i--;
}
bit tempreadbit(void)        //读1位函数
{
    uint i;
    bit dat;
    ds =0;i++;               //i++ 起延时作用
    ds =1;i++;i++;
    dat =ds;
    i =8;while(i >0)i--;
    return (dat);
}
uchar tempread(void)         //读1个字节
{
    uchar i,j,dat;
    dat =0;
    for(i =1;i <=8;i++)
    {
        j =tempreadbit();
        dat = (j <<7) |(dat >>1);    //读出的数据最低位在最前面,这样刚好一个字节在 DAT 里
    }
    return(dat);
}
void tempwritebyte(uchar dat)        //向18B20写一个字节数据
{
    uint i;
    uchar j;
    bit testb;
    for(j =1;j <=8;j++)
    {
        testb =dat&0x01;
        dat =dat >>1;
        if(testb)                //写1
        {
            ds =0;
            i++;i++;
            ds =1;
            i =8;while(i >0)i--;
        }
```

```
    else
    {
      ds = 0;                    //写 0
      i = 8;while(i > 0)i--;
      ds = 1;
      i++;i++;
    }
  }
}
void tempchange(void)     //DS18B20 开始获取温度并转换
{
  dsreset();
  delay(1);
  tempwritebyte(0xcc);    // 写跳过读 ROM 指令
  tempwritebyte(0x44);    // 写温度转换指令
}
uint get_temp()           //读取寄存器中存储的温度数据
{
  uchar a,b;

  dsreset();
  delay(1);
  tempwritebyte(0xcc);
  tempwritebyte(0xbe);
  a = tempread();         //读低 8 位
  b = tempread();         //读高 8 位
  temp = b;
  temp <<= 8;             //两个字节组合为 1 个字
  temp = temp |a;
  f_temp = temp* 0.0625;  //温度值在寄存器中为 12 位,分辨率为 0.0625℃
  temp = f_temp* 10 + 0.5; //乘以 10 表示小数点后面只取 1 位,加 0.5 是四舍五入
  f_temp = f_temp + 0.05;
  return temp;            //temp 是整型
}
void dis_temp(uint temp)
{
    unsigned char bai,shi,ge;
    bai = (temp% 1000)/100;
    shi = (temp% 100)/10;
    ge = temp% 10;
    P1 = 0xfe;
    P0 = t1[bai];
    delay(10);
```

```
        P1 = 0xfd;
        P0 = t2[shi];          //带小数点
        delay(10);
        P1 = 0xfb;
        P0 = t1[ge];
        delay(10);
}
void warn(uint s,uchar led)      //蜂鸣器报警声音,s控制音调
{
        uchar i;
        i = s;
        beep = 0;              //蜂鸣器响
        P2 = ~(led);           //01 - >1111 1110
        while(i--)             //显示(延时)
        {
          dis_temp(get_temp());
        }
        beep = 1;              //蜂鸣器停
        P2 = 0xFF;             //LED灭
        i = s;
        while(i--)             //显示(延时)
        {
          dis_temp(get_temp());
        }
}
void deal(uint t)          //warn_l1 =260;warn_l2 =250;warn_h1 =300;warn_h2 =320;
{
    uchar i;
    if((t > warn_l2)&&(t <= warn_l1))      //大于25℃小于27℃
      {
        warn(40,0x01);                //00000001

      }
    else if(t <= warn_l2)                  //小于25℃
      {
        warn(10,0x03);                    //00000010
      }
    else if((t < warn_h2)&&(t > = warn_h1)) //小于32℃大于30℃
      {
        warn(40,0x04);
      }
    else if(t > = warn_h2)                 //大于32℃
      {
```

```
        warn(10,0x0c);
      }
    else
      {
        i=40;
        while(i--)
        {
          dis_temp(get_temp());
        }
      }
}
void init_com(void)
{

    PCON = 0x00;              //SMOD=0
    SCON = 0x50;              //REN=1;SM0=0;SM1=1;
    TMOD = 0x20;              //T1
    TH1 = 0xFd;               //9600bit/s   11.0592MHz
    TL1 = 0xFd;
    TR1 = 1;
}
void comm(char * parr)       //27.4
{
    do
    {
    SBUF = * parr++;          //发送数据
    while(! TI);              //TI=1,等待发送完成标志为1
    TI =0;                    //标志清零
    }while(* parr);           //保持循环直到字符为'\0'
}
void main()
{
    uchar buff[4],i;
    init_com();
    while(1)
    {
        tempchange();
        for(i=10;i>0;i--)
        {
          dis_temp(get_temp());
        }
          sprintf(buff,"% f",f_temp);    //27.4125,BUFF=27.4
        for(i=10;i>0;i--)
```

```
        {
          dis_temp(get_temp());
        }
        comm(buff);
        for(i=10;i>0;i--)
        {
          dis_temp(get_temp());
        }

      }
  }
```

3）在 Proteus 中仿真运行，验证程序正确性。

4）如图 8-12 所示，将 DS18B20 连接到实验板后，再将程序下载到单片机实验板，然后用串行口连接线连接单片机和 PC。打开 STC－ISP 中的串行口助手，验证单片机能否通过串行口上传温度。注意 P1.4、P1.5 电平需要反相。

【任务评价】

1）分组汇报 DS18B20 智能温度计的程序设计方法，演示实验效果，并回答相关问题。

2）填写任务评价表，见表 8-7。

表 8-7　任务评价表

	评价内容	评价标准	分值	学生自评	小组互评	教师评价
知识目标	DS18B20 结构	理解 DS18B20 结构				
	DS18B20 读写时序	掌握 DS18B20 读写时序				
	DS18B20 引脚功能	掌握 DS18B20 引脚功能				
	DS18B20 及串行口使用方法	掌握综合应用串行口和 DS18B20 的编程方法				
技能目标	能够编写基于 DS18B20 智能温度计程序	掌握基于 DS18B20 智能温度计程序的设计方法				
	安全操作	安全用电、遵守规章制度				
	现场管理	按企业要求进行现场管理				

【任务总结】

本任务通过 DS18B20 采集环境温度，然后将温度值通过串行口上传到 PC。在实际的工业生产中，PC 端需要开发数据接收和处理软件用于处理单片机上传的数据，因为时间问题，我们没有对此问题进行展开。为简单起见，我们用串行口助手模拟上位机的数据接收和处理软件，通过串行口助手显示接收到的温度值。对于上位机编程有兴趣的读者可以参考 Visual C++这一类的书籍。

附 录

附录 A　硬件设计工程师考试试卷（单片机）样题 1

一、单选题（共计 20 题，每题 2 分，共计 40 分）

1. 如果单片机的最大寻址空间是 64KB，则该空间的地址范围为（　　）。

A. 00000H ~ FFFFFH　　　　　　B. 0000H ~ FFFFH

C. 000H ~ FFFH　　　　　　　　D. 00H ~ FFH

2. 编写单片机中断服务函数程序时，必须定义为（　　）类型。

A. void　　　　　B. int　　　　　C. char

3. 单片机的最小系统指的是（　　）。

A. 单片机内部的最小系统

B. 能够独立工作的最小系统

C. 加上基本的 I/O 接口的最小系统

D. 对外控制的最小系统

4. 8051 单片机 RAM 和 ROM 是分开编址的，它是靠（　　）来实现的。

A. 独立的数据线　　　　　　　　B. 独立的地址线

C. 一条选通线　　　　　　　　　D. 不同的速度

5. 单片机 ROM 的 0X0001B 单元是计数器中断程序入口，你认为应放（　　）。

A. 计数值

B. 中断地址

C. 无条件转移指令，转到相应程序

D. 可以放别的数据

6. 51 单片机并口扩展可通过（　　）实现。

A. 74LS273、74LS244　　　　　　B. 6264

C. 8255 可编程并口　　　　　　　D. 27C64

7. I^2C 总线是（　　）。

A. 并行总线　　　　　　　　　　B. 串行总线

C. 异步串行总线　　　　　　　　D. 异步并行总线

8. ALE 信号的作用是（　　）。

A. 低 8 位地址锁存　　　　　　　B. 高 8 位地址锁存

C. 低 8 位地址寄存　　　　　　　D. 高 8 位地址寄存

9. 内置控制器的字符液晶显示器从接口接收的是（　　　）。

A. 字符代码，如 ASCALL　　　　　B. 字符图形码

C. 补码　　　　　　　　　　　　　D. 字符代码和控制命令

10. 下面说法错误的是（　　　）。

A. 有源蜂鸣器和无源蜂鸣器的根本区别是产品对输入信号的要求不一样

B. 有源蜂鸣器要求频率方波

C. 无源蜂鸣器要求频率方波

D. 有源蜂鸣器要求直流信号

11. 存储 8×8 点阵的一个图形，需要的字节数为（　　　）。

A. 16　　　　　B. 32　　　　　C. 64　　　　　D. 8

12. A－D 转换器 0804 的转换精度是（　　　）。

A. 8 位　　　　　B. 16 位　　　　　C. 10 位　　　　　D. 2.5 位

13. 单片机输出电路常用的驱动器件有（　　　）。

A. 晶体管，继电器，MOSFET

B. 晶体管，继电器，拉线开关

C. 晶体管，继电器，按键开关

D. 晶体管，继电器，熔丝

14. 霍尔开关传感器最大的特点是（　　　）。

A. 无触点传感器

B. 可以把电磁转换成电流

C. 可以把电磁转换成数字信号

D. 可以把电磁转换成电压

15. 对于 AT89S52 单片机，如果想在内部数据存储区的可位寻址的区域内定义一个字符型变量，以下表达式正确的是：（　　　）。

A. char code var;　　　　　　　B. char idata var;

C. char xdata var;　　　　　　　D. char bdata var;

16. 下列计算机语言中，计算机能直接识别的是（　　　）。

A. C 语言　　　　　　　　　　　B. 高级语言

C. 汇编语言　　　　　　　　　　D. 机器语言

17. 中断服务程序函数其声明方法如下，下列说法正确的是（　　　）。

```
void ext0_int () interrupt 0 using 1
{
//程序代码
}
```

A. 中断号是 0，寄存器组 1

B. 中断号是 1，寄存组 0

18. 以下关于关键字的说法中错误的是：（　　　）。

A. 只要是 static 修饰的变量，编译器都会给它分配一个固定的内存空间。而这个变量在

整个程序的执行中都存在，程序执行完毕它才消亡。

B. 用 static 声明的变量或函数同时指明了变量或函数的作用域为本文件，其他文件的函数都无法访问这个文件里的这些变量和函数。

C. 一个函数的某个行参如果用 const 修饰了，表明在调用此函数时只能传递一个常量值给这个行参。

D. 对于 extern 修饰的全局变量来说，仅仅是一个变量的声明，其并不分配内存空间，它只表明本文件内要用到其他文件中定义的同名变量，在链接阶段编译器会自动找到那个实际变量。

19. 关于以下程序段说法正确的是（　　）。

```
#define   标识符
      代码1
 #else
      代码2
 #endif
```

A. 如果标识符已被#define 过，则代码1参加编译，否则代码2参加编译。

B. 如果标识符没被#define 过，则代码1参加编译，否则代码2参加编译。

20. 下列描述中正确的是（　　）。

A. 程序就是软件

B. 软件开发不受计算机系统的限制

C. 软件既是逻辑实体，又是物理实体

D. 软件是程序、数据与相关文档的集合

二、多选题（共计10题，每题3分，共计30分）

1. 单片机芯片是将（　　）做到一块集成电路中。

A. CPU　　　　　　B. I/O 接口　　　　C. RAM

D. 滤波电容　　　　E. 计数器

2. 关于"看门狗"的本质及工作特点，下列描述正确的是（　　）。

A. 看门狗是个定时器

B. 看门狗能触发系统复位

C. 看门狗可清零

D. 看门狗与 CPU 是监控与被监控的关系，具有独立性

3. 51 系列单片机中断初始化程序应该包括（　　）。

A. 初始化堆栈　　　　　　　　　B. 设置中断源的优先级别

C. 开放低级中断和总中断　　　　D. 加入 RETI 指令

4. 下列选项中说法正确的是（　　）。

A. TMOD 是定时器/计数器的工作方式控制寄存器，它支持位寻址

B. TCON 中存放定时器/计数器 0 和 1 的中断标志位，它可以位寻址

C. 定时器/计数器 T2 的中断标志位有 TF2 和 EXT2 两个，而且它们的中断矢量是同一个

D. 定时器/计数器 T2 工作于 16 位自动重装载方式下，计数方向可以向上或者向下

5. 下列对 SPI 总线的描述正确的是（　　）。

A. SPI 是一个同步协议接口，所有的传输都参照一个共同的时钟

B. SPI 主要使用主机输出/从机输入（MOSI）、主机输入/从机输出（MISO）、串行时钟（SCLK）和外设芯片选择（CS）

C. 根据时钟极性和时钟相位的不同，SPI 有四个工作模式

D. 时钟极性有高、低两极：时钟低电平时，空闲时钟处于低电平，传输时跳转到高电平；时钟极性为高电平时，空闲时钟处于高电平，传输时跳转到低电平

6. 数码管有两种显示方法，即静态显示法与动态显示法，前者比后者的优点是（　　）。

A. 占用 CPU 时间少　　　　　　　　B. 节省 I/O 口

C. 硬件电路图简单　　　　　　　　D. 编程简单

7. 行列式键盘对按键动作的识别有（　　）

A. 软件程序扫描法　　　　　　　　B. 中断法

C. DMA　　　　　　　　　　　　　D. 都是

8. 外界数字逻辑信号一般也得经过（　　）才能输入到单片机内部。

A. 电平转换　　　　　　　　　　　B. 隔离去扰

C. A－D　　　　　　　　　　　　　D. 整形

9. 下列说法正确的是（　　）。

A. 模拟信号是指用连续变化的物理量表示的信息，其信号的幅度、频率、相位随时间做连续变化，如目前广播的声音信号、图像信号等。

B. 模拟信号可以直接输入到单片机中

C. 数字信号可以直接输入到单片机中

D. 工业控制中有一类开关信号，如继电器的吸合与断开、指示灯的亮与灭、电动机的起动与停止等，这些信号共同的特点是以二进制的逻辑"1"和"0"出现的

10. 软件滤波具有（　　）优势。

A. 不需要添加硬件

B. 可靠性高，无阻抗匹配问题

C. 可以对高频的信号进行滤波

D. 多个通道通用

三、解答题（共计 2 题，每题 15 分，共计 30 分）

1. 已知某 MCS－51 单片机系统采用周期是 6MHz 的外部晶体振荡器，请问：

1）该单片机系统的机器周期为多少？（5 分）

2）当单片机的定时器 T0 工作在方式 1 时，要求每记满 10ms 时便产生一次定时器溢出，请问，T0 需要预置的初始值为多少？（5 分）TMOD 的值为多少？（2 分）TH0＝？TL0＝？（3 分）（请写出计算过程）

2. 编程题：用 C51 语言实现以下功能。

如图 A-1 所示，每按下一次开关 SP1，计数值加 1，通过 AT89X51 单片机的 P1 端口的 P1.0～P1.3 显示出对应的二进制数值。

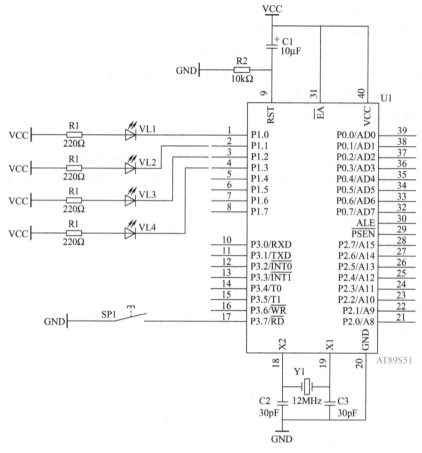

图 A-1   键值二进制显示

附录 B   硬件设计工程师考试试卷（单片机）样题 2

一、单选题（共计 20 题，每题 2 分，共计 40 分）

1. 二进制数 10000111 转换为十进制数是（   ）。

A. 132　　　　　　B. 133　　　　　　C. 134　　　　　　D. 135

2. 编写单片机中断服务函数程序时，必须定义为（   ）类型。

A. void　　　　　　B. int　　　　　　C. char

3. 下面所列选项中，（   ）不能解决串行通信中的数据收/发同步问题。

A. 双方约定一个相同的通信速度

B. 引入时钟信号，增加一根时钟线

C. 像红外通信那样采用比较特殊的编码方式

D. 奇偶校验

4. ISP 表示（   ）。

A. 不可编程　　　　　　　　　　　B. 可一次编程

C. 可在线编程　　　　　　　　　　D. 可在应用中编程

5. 51 系列单片机计数器中断级别触发器是放在（　　　）来完成。

A. TCON

B. SCON

C. IP

D. IE

6. 用 GPIO 模拟 I²C 总线，主要是通过（　　　）实现时序的。

A. 硬件

B. 程序

C. 以硬件做基本支持，主要靠程序实现

D. 一点不用程序

7. 27C64 是（　　　）ROM。

A. 2KB

B. 4KB

C. 8KB

D. 16KB

8. 8255 可编程并口在方式 0 下，（　　　）。

A. A 口可输入/输出，B 口可输入/输出

B. A 口只能输入，B 口只能输出

C. A 口只能输出，B 口只能输入

D. A 口只能输出，B 口只能输出

9. 按键去抖可以采用硬件和软件两种方法。硬件方法就是在按键的输入通道里加入一定的去抖电路，软件方法一般采用延时的方法（　　　）。

A. 对

B. 错

10. 在 51 单片机 P1 口与七段数码管的连接电路中，如果需要共阳极连接的七段数码管显示数字"3"，那么单片机需要在 P1 口输出的数据为（　　　）。

A. 0X4F

B. 0XB0

C. 0X79

D. 0X86

11. 数码管的动态显示是（　　　）。

A. 多个数码管同时点亮

B. 多个数码管分时点亮

C. 多个数码管总是点亮

D. 多个数码管都不点亮

12. 对于二进制输出型的 A－D 转换器来说，分辨率为 8 位是只能将模拟信号转换成（　　　）数字量的芯片。

A. 00 ~ FFH

B. 000 ~ FFFH

C. 0000 ~ FFFFH

13. 单片机输出电路的任务有（　　　）。

A. 信号驱动，电平转换，A－D

B. 信号驱动，电平转换，D－A

C. 信号驱动，电平转换，D－A，与外部隔离

D. 信号驱动，电平转换，A－D，与外部隔离

14. PWM 技术依赖的是（　　　）原理。

A. 电量等效原理

B. 冲量等效原理

C. 在惯性电路中的冲量等效

D. 在惯性电路中的电量等效

15. 以下关于 C51 中函数的说法中错误的是（　　）。

A. 关键字 interrupt 声明某个函数为中断函数，如"void ext0_int（）interrupt 0；"，且中断函数不能有返回值

B. 表达式"void ext0_int（）interrupt 0 using 1；"中的 using 指定执行中断服务程序所使用的寄存器组，范围为 0～3，对应 51 内部的 4 组 R0～R7 寄存器组，当然也可以不指定

C. 关键字 reentrant 将某个函数声明为可重入函数，用于避免在主程序和中断服务程序中都调用此函数而产生的数据破坏问题，当然这个函数需要满足一定的要求，如不能使用全局变量等

D. 不同于 ANSI C 编译器，在 C51 中不能使用函数指针

16. 下列不属于片内数据存储区关键字的是（　　）。

A. data

B. idata

C. bdata

D. xdata

17. Keil μvision2 集成了两个调试工具是（　　）模块。

A. Keil μvision2 软件调试器和 Keil μvision2 硬件调试器

B. RAM 调试器和 Keil μvision2 硬件调试器

C. Keil μvision2 软件调试器和 ROM 硬件调试器

D. 内存调试器和 ROM 调试器

18. 以下关于硬件干扰及其抑制的说法中错误的是（　　）。

A. 在绘制 PCB 图时，布线需避免 45°折线，减少高频噪声发射，一般采用 90°折线

B. 要充分考虑电源对整个系统抗干扰性能的影响，要给单片机电源加滤波电路，以减小电源噪声对单片机的干扰。一般在电源输出端都需要接高低频率的滤波电容

C. 数字地与模拟地要分离，汇合时加入磁珠或磁环连接并最后在一点接于电源地

D. 单片机和大功率器件的地线要单独接地，以减小相互干扰。大功率器件尽可能放在电路板边缘

19. 以下一般不会成为系统干扰源的是（　　）。

A. 继电器

B. 晶振

C. LDO

D. 电机

20. Keil C51 中关键字 const 修饰的变量、指针和函数返回值等都是只读的不能进行修改（　　）。

A. 对

B. 错

二、**多选题**（共计 10 题，每题 3 分，共计 30 分）

1. 51 核单片机的共同特点是（　　）。

A. 具有相同的外部接口

B. 相同的封装

C. CPU 和内部控制器相同

D. 功耗一样

2. 关于"看门狗"的本质及工作特点，下列描述正确的是（　　）。

A. 看门狗是个定时器

B. 看门狗能触发系统复位

C. 看门狗可清零

D. 看门狗与 CPU 是监控与被监控的关系，具有独立性

3. 51 系列单片机 P3 口可以用作（　　　）。

A. 输出

B. 输入

C. 地址、数据

D. 第二功能

4. 哪些中断可以被定义成高优先级中断（　　　）。

A. 外部中断 0

B. 定时计数器

C. 外部中断 1

D. 串行发送和接收

5. 单片机控制系统中常用的扩展可以分为（　　　）。

A. 芯片扩展

B. I/O 扩展

C. 通信接口扩展

D. 控制总线扩展

6. 常用的蜂鸣器有（　　　）。

A. 压电式

B. 电磁式

C. 有源

D. 无源

7. 行列式键盘对按键动作的识别有（　　　）。

A. 软件程序扫描法

B. 中断法

C. DMA

D. 都是

8. A－D 转换器引脚主要包括（　　　）。

A. 模拟电压输入端

B. 与总线连接的数据线

C. 启动信号线

D. 转换结束信号线

9. 以下关于电源说法正确的是（　　　）。

A. 线性稳压电源的优点是稳定性高，纹波小，可靠性高，易做成多路、输出连续可调的成品。缺点是体积大、较笨重、效率相对较低

B. 开关电源的优点是体积小，重量轻，稳定可靠

C. 我们常用的干电池、铅酸蓄电池、镍镉、镍氢、锂离子电池均属于化学电源。

D. 开关电源的优点是稳定性高，纹波小，可靠性高，易做成多路、输出连续可调的成品。缺点是体积大、较笨重、效率相对较低

10. 下列选项中对滑动平均滤波描述正确的是（　　　）。

A. 滑动平均滤波的方法是把连续 N 个采样值看成一个队列，队列的长度固定为 N，每次采样到一个新数据放入队尾，并扔掉原来队首的一个数据，然后再把队列中的 N 个数据进行算术平均运算

B. 对于 N 值的选取，一般流量 N 取 12，压力 N 取 4~6

C. 滑动平均滤波对周期性干扰有良好的抑制作用，适用于高频振荡的系统

D. 滑动平均滤波同样适用于脉冲干扰比较严重的场合

三、解答题（共计 2 题，每题 15 分，共计 30 分）

1. 若晶体振荡器振荡频率为 11.059MHz，串行口工作于方式 1，波特率为 4800bit/s。写出用 T11 作为波特率发生器的方式控制字和计数初值。

2. 编程题：定时器/计数器应用 C 语言编程。

设单片机的 $f_{osc} = 12MHz$，要求在 P1.0 脚上输出的周期为 2ms 的方波。

附录C 硬件设计工程师考试试卷（单片机）样题3

一、单选题（共计20题，每题2分，共计40分）

1. 32KB RAM存储器的首地址若为2000H，则末地址为（　　）。

A. 7FFFH   B. 2FFFH

C. 9FFFH   D. 9000H

2. 51和52单片机内部程序存储器的大小分别是（　　）。

A. 1K/2K   B. 2K/4K   C. 4K/8K

3. 有人说，单片机ROM的0X0023单元是串行中断程序入口，你认为应放（　　）。

A. 发送数据

B. 中断地址

C. 无条件转移指令，转到相应程序

4. 51系列单片机中断返回指令是（　　）。

A. RET   B. RET1

C. CALL   D. RETUNE

5. 51单片机定时器T0工作在方式0下，计数器的输入脉冲是晶体振荡频率的（　　）。

A. 直接输入   B. 2分频

C. 8分频   D. 12分频

6. 51单片机并口扩展可通过（　　）实现。

A. 74LS273，74LS244   B. 6264

C. 8255可编程并口   D. 27C64

7. 单片机编程时，遇到"END"标示时表示指令执行到此结束（　　）。

A. 对   B. 错

8. 单片机与外部资源连接是靠（　　）。

A. 地址总线   B. 控制总线

C. 数据总线   D. 以上都不是

9. 以下关于七段数码管显示方式的说法，错误的是（　　）。

A. 七段数码管既可以采用硬件译码也可以采用软件译码

B. 当系统中的数码管个数较多时，比较适宜用动态扫描的显示方式，优点是节省I/O口，硬件电路也较静态显示方式简单，缺点是CPU要依次扫描，占用CPU较多的时间

C. 采用静态显示方式占用CPU时间少，编程简单，但其占用的口线多，硬件电路复杂，成本高，只适合于显示位数较少的场合

D. 相同条件下显示相同位数的数码管，动态显示方式流过数码管的电流比静态方式要大

10. 静态显示亮度很高，但口线占用较多。动态显示则好一点，适合用在显示位数较多的场合（　　）。

A. 对   B. 错

11. 有源蜂鸣器输入的信号是（　　）。

A. 直流电　　　　　　　　　　　B. 交流电

C. 方波　　　　　　　　　　　　D. 三角波

12. 单片机电源设计应该考虑（　　）。

A. 电压，功率

B. 电压，功率，功耗

C. 电压，功率，功耗，抗干扰

D. 电压，功率，功耗，输出频率

13. 提高分辨率可以减少量化误差（　　）。

A. 对　　　　　　　　　　　　　B. 错

14. 以下关于功率驱动的说法中错误的是（　　）。

A. 在输出通道的设计中要根据具体控制要求做好驱动、隔离和变换的工作

B. 晶体管、继电器、MOSFET、IGBT、功率光耦等都可以作为功率驱动器件

C. 直流电动机由于直接加电压起动会产生瞬间大电流，长期会损害电动机，所以一般都采用 PWM 为基础的电压逐渐升高的软起动方式。软起动可以采用继电器或 MOS-FET 作为驱动器件，而且继电器会比 MOSFET 获得更高的 PWM 调制频率和性能

D. 把控制逻辑和功率驱动集成在了一个芯片中的集成功率芯片是目前工业控制中用得越来越广泛的输出驱动器件

15. 存储器指针的特点是（　　）。

A. 指针直接指明了对应变量的存储器类型

B. 指针直接指明了对应变量的存储器类型。存储时只需要 2 ~ 3 个字节

C. 指针直接指明了对应变量的存储器类型。存储时只需要 1 ~ 2 个字节

D. ABC 都是

16. 如要定义一个无符号整型指针 ptr，并使其指向外部 RAM 的 int 型整数，则以下表达式正确的是（　　）。

A. unsigned int xdata * ptr;　　　　B. unsigned int idata * ptr;

C. unsigned int bdata * ptr;　　　　D. unsigned int * ptr;

17. 在单片机开发中，编译 C 语言和汇编语言都必须经过的步骤是（　　）。

A. 产生目标程序和编译

B. 产生目标程序和连接

C. 连接和编译

D. 产生目标程序，连接，形成可执行程序

18. 执行完下列运算后，y 的结果是（　　）。

```
Uint x = 9;
uint y = x << 3 + x;
```

A. 12　　　　　　B. 81　　　　　　C. 9　　　　　　D. 11

19. "看门狗"定时器的作用是（　　）。

A. 纠正软件错误　　　　　　　　B. 防止数据运算错误

C. 防止程序跑飞 　　　　　　　　D. ABC 都是

20. Keil C51 中关键字 static 修饰的变量在程序的整个生命周期中都存在 （　　　）。

A. 对 　　　　　　　　　　　　B. 错

二、多选题（共计 10 题，每题 3 分，共计 30 分）

1. 嵌入式与单片机相比具有的优势是 （　　　）。

A. 硬件集成度高 　　　　　　　　B. 具有操作系统

C. 性能高，速度快 　　　　　　　D. 体积小

2. 微型计算机是具有完整运算及控制功能的计算机，它包含 （　　　）。

A. 微处理器 （CPU）

B. 存储器

C. 接口适配器 （输入/输出接口电路）

D. 输入/输出 （I/O） 设备

3. 51 单片机复位时关于各寄存器的状态，下列说法正确的是 （　　　）。

A. SP 的初始状态值是 07H

B. P0 ~ P3 口线的初始状态值都为高电平 0

C. PC 的初始状态值是 0000H

D. TMOD 的初始状态值是 00H

4. 单片机是一种时序电路，必须提供脉冲信号才能正常工作，下列可以使用的时钟电路有 （　　　）。

A. 外置晶振 + 内置振荡器

B. 外置陶振 + 内置振荡器

C. RC 振荡电路

5. I^2C 总线的信号线有 （　　　）。

A. 数据线 SDA 　　　　　　　　B. 数据线 SCL

C. 时钟线 SDA 　　　　　　　　D. 时钟线 SCL

6. 防止按键在按下后抖动的方法是 （　　　）。

A. 电阻电容低通滤波法 　　　　　B. 软件延迟法

C. 电阻电容高通滤波法 　　　　　D. 限电压法

7. LED 电路中串联电阻的作用是 （　　　）。

A. 保证了 LED 亮度的稳定

B. 保证了 LED 的使用寿命

C. 对整个电路起到限流作用

D. 可以对 LED 起到限流的作用

8. 衡量传感器好坏的参数主要包括 （　　　）。

A. 测量范围 　　　　　　　　　　B. 量程

C. 精度 　　　　　　　　　　　　D. 重复性

E. 分辨率

9. 以下关于 LDO 说法正确的是 （　　　）。

A. 输出电流越大越好

B. 负载调整率越低越好，越低输出负载对输出电压的影响就越小，电源抗负载干扰的能力就越强

C. 接地电流越大越好

D. 如果负载大，就要尽量选择大封装的 LDO

10. 下列对一阶滤波法描述正确的是（　　）。

A. 一阶滤波又叫一阶惯性滤波，或一阶低通滤波

B. 一阶低通滤波法采用本次采样值与上次滤波输出值进行加权，得到有效滤波值，使得输出对输入有反馈作用

C. 一阶滤波的算法公式一般形式为 $Y_n = aX_n + (1-a)Y_{n-1}$

D. 一阶滤波对周期性干扰具有良好的抑制作用，适用于变化缓慢的变量

三、解答题（共计 2 题，每题 15 分，共计 30 分）

1. 已知某 MCS - 51 单片机外接晶体振荡器的振荡频率是 3MHz，定时器/计数器工作在方式 0、1、2 下，其最大的定时时间为多少？

2. 图 C-1 是利用优先权解码芯片，在单片机 8031 的一个外部中断 INT1 上扩展多个中断源的原理电路图。图中以开关闭合来模拟中断请求信号。任一中断源产生中断请求，都能给 8031 的 INT1 引脚送一个有效中断信号，由 P1 的低 3 位可得对应中断源的中断号。

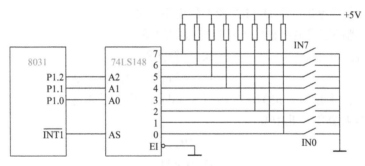

图 C-1　外部中断源扩展

附录 D　硬件设计工程师考试试卷（单片机）样题 4

一、单选题（共计 20 题，每题 2 分，共计 40 分）

1. MCS - 8051 系列的单片机字长是（　　）位，有（　　）根引脚。

A. 16，40　　　　　　　　　　B. 8，40

C. 16，20　　　　　　　　　　D. 8，20

2. MCS - 51 单片机的内部位寻址区的 RAM 单元是（　　）。

A. 00H ~ 7FH　　　　　　　　B. 80H ~ FFH

C. 00H ~ 1FH　　　　　　　　D. 20H ~ 2FH

3. 8051 单片机内部 RAM 中的高 128B 被 SFR（　　）。

A. 占用一部分　　　　　　　　B. 全部占用

C. 一点都没占用

4. 中断程序的现场保护应该放在（　　）处。

A. 中断初始化　　　　　　　　B. 中断处理程序

C. 中断函数　　　　　　　　　D. 计数函数

5. 51 单片机定时器 T0 工作在方式 0 下，13 位计数器溢出后，将使（　　）置 1。

A. TF1　　　　　　　　　　　B. TF0

C. IE0　　　　　　　　　　　D. IE1

6. 芯片 74LS138 的功能是（　　）。

A. 驱动器　　　　　　　　　　B. 锁存器

C. 编码器　　　　　　　　　　D. 译码器

7. 89C51 在片外扩展一片 27C64（8KB）程序存储器芯片时需要（　　）地址线。

A. 8 根　　　　　　　　　　　B. 13 根

C. 16 根　　　　　　　　　　　D. 20 根

8. 下列对 I^2C 总线的工作时序描述错误的是（　　）。

A. 当 SCL 处于低电平时，SDA 从高到低的跳变作为 I^2C 总线的起始信号

B. 当 SCL 处于高电平时，SDA 从低到高的跳变作为 I^2C 总线的停止信号

C. 接收器件在接收一字节后，必须产生一个应答信号

D. 当 SCL 为低电平时，允许 SDA 线上的电平变动

9. 内置控制器的字符液晶显示器从接口接收的是（　　）。

A. 字符代码，如 ASCAⅡ　　　B. 字符图形码

C. 补码　　　　　　　　　　　D. 字符代码和控制命令

10. 如果要求产生频率为 523Hz 的中音 1（do），那么需要每（　　）时间中断一次将 I/O 反相输入到蜂鸣器得到此中音。

A. $956\mu s$　　　　　　　　　B. $1912\mu s$

C. $64580\mu s$　　　　　　　　D. $63624\mu s$

11. 有源蜂鸣器输入的信号是（　　）。

A. 直流电　　　　　　　　　　B. 交流电

C. 方波　　　　　　　　　　　D. 三角波

12. 据在惯性电路中的冲量等效原理，一个 5V 直流电压可以等效成（　　）。

A. 无数个 3V 脉冲电压

B. 无数个 4V 脉冲电压

C. 无数个 5V 脉冲电压，但相加时间比 5V 时间小

D. 无数个 6V 脉冲电压

13. 提高分辨率可以减少量化误差（　　）。

A. 对　　　　　　　　　　　　B. 错

14. 以下关于数字信号输入的描述中错误的是（　　）。

A. 数字、开关和频率信号输入到单片机主要有电平转换和电气隔离两个主要问题需要考虑

B. 电平转换可以采用电阻分压、晶体管、光耦合电平转换芯片等方法实现，而电阻分

压的电平转换方法更是因为简单、廉价、无须考虑输入输出阻抗问题等优点而被广泛使用

C. 光耦可以实现电平转换和电气隔离双重功能

D. 单片机对低频信号的直接测量有测频率法和测周期法两种基本方法

15. 如要定义一个无符号整型指针 ptr，并使其指向外部 RAM 的 int 型整数，则以下表达式正确的是（　　）。

A. unsigned int xdata ∗ptr;　　　　　B. unsigned int idata ∗ptr;

C. unsigned int bdata ∗ptr;　　　　　D. unsigned int ∗ptr;

16. Keil C51 编译器定义了新的指针类型（　　）。

A. 存储器指针　　　　　　　　　B. 变量指针

C. 地址指针　　　　　　　　　　D. 寄存器指针

17. 在单片机开发中，用 C 语言编程比用汇编语言编程占优势的特性是（　　）。

A. 可移植好　　　　　　　　　　B. 不需要太了解硬件结构

C. 代码效率高　　　　　　　　　D. 阅读容易

18. 以下说法中错误的是（　　）。

A. 使用存储器特殊指针可以使程序更高效，而且使用存储器特殊指针可以方便代码在不同机器和平台之间移植

B. 当程序中需要几个定时器时，可以考虑通过某个定时器作为时基的方式来软模拟一些软定时器，以减少系统的开销，使程序更高效

C. 中断函数占用时间要尽量短，如存在数据采集和处理的情况，可以在中断函数中只做采集，而把数据处理放在主程序中

D. 使用条件编译可以使程序中某些功能模块根据需要有选择的加入到项目中，或者是同一个程序方便移植到不同的硬件平台上

19. 下列描述中正确的是（　　）。

A. 程序就是软件

B. 软件开发不受计算机系统的限制

C. 软件既是逻辑实体，又是物理实体

D. 软件是程序、数据与相关文档的集合

20. 语言开发时，为了提高程序的质量，函数名习惯（　　）。

A. 全部小写，多个单词时用 "－" 符号分开

B. 全部用大写

C. 全部小写

D. 每个单词第一个字母大写

二、多选题（共计 10 题，每题 3 分，共计 30 分）

1. AT89C2051 单片机区别一般 51 系列单片机特点是（　　）。

A. LED 驱动电路　　　　　　　　B. 电压比较器

C. 电压范围广　　　　　　　　　D. CPU 不一样

2. 51 系列单片机 P3 口可以用作（　　）。

A. 输出
B. 输入
C. 地址、数据
D. 第二功能

3. 51 系列单片机中断初始化程序应该包括 （　　）。

A. 初始化堆栈
B. 设置中断源的优先级别
C. 开放低级中断和总中断
D. 加入 RETI 指令

4. 下列选项中说法正确的是 （　　）。

A. CMOS 型单片机有节电和掉电两种低功耗操作方式
B. 单片机在节电方式下，CPU 停止工作，而 RAM、定时器、串行口和中断系统继续工作
C. 单片机在掉电方式下，仅给内部 RAM 供电，片内所有其他的电路均不工作
D. 单片机的低功耗工作方式由电源控制寄存器 PCON 中的有关位控制

5. ATMEL 公司的 ATC02 是一块 （　　）。

A. EEPROM
B. 内部有 256B 的芯片
C. 带有 I^{2}C 总线的芯片
D. 可靠性高的芯片

6. 防止按键在按下后抖动的方法是 （　　）。

A. 电阻电容低通滤波法
B. 软件延迟法
C. 电阻电容高通滤波法
D. 限电压法

7. 数码管有两种显示方法，即静态显示法与动态显示法，前者比后者的优点是 （　　）。

A. 占用 CPU 时间少
B. 节省 I/O 口
C. 硬件电路图简单
D. 编程简单

8. 外界数字逻辑信号一般也得经过 （　　） 才能输入到单片机内部。

A. 电平转换
B. 隔离去扰
C. A – D 转换
D. 整形

9. 霍尔测量器件可分为 （　　）。

A. 霍尔电压传感器
B. 霍尔电流传感器
C. 霍尔开关传感器
D. 霍尔转速传感器

10. 对下面两种定义描述正确的是 （　　）。

```
#define dPS struct s *
typedef struct s * tPS
```

A. 第一句定义 dPS 作为一个指向结构 S 的指针
B. 第二句定义 tPS 作为一个指向结构 S 的指针
C. typedef 用以声明一个已经存在的数据类型的同义字
D. 上述两种定义相比较而言，后者更好

三、解答题 （共计 2 题，每题 15 分，共计 30 分）

1. 试将 8031 单片机外接一片 2716EPROM 和一片 6116RAM 组成一个应用系统，请画出硬件连线图，并指出扩展存储器的地址范围。

2. 编程题：

从 20H 单元开始有一无符号数据块，其长度在 20H 单元中。编写程序找出数据块中最小值，并存入 21H 单元。

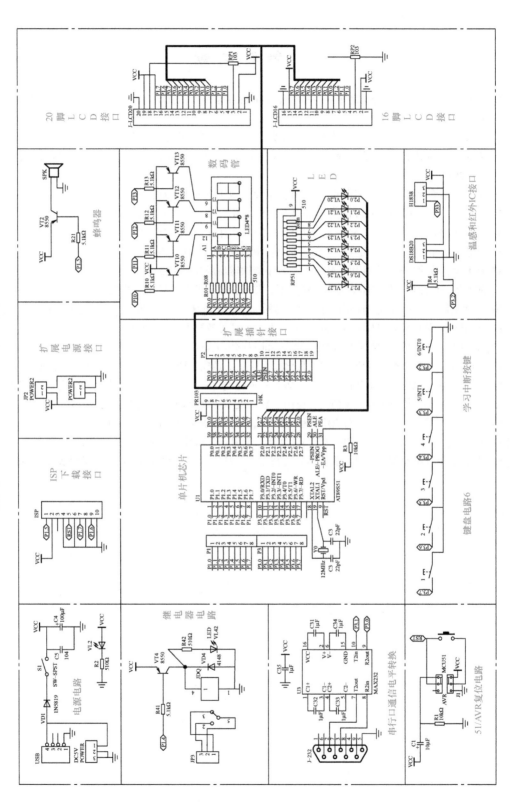

附录E　LY5A-L2A原理图

参 考 文 献

[1] 王平. 单片机应用设计与制作——基于 Keil 和 Proteus 开发仿真平台 [M]. 2 版. 北京：清华大学出版社，2016.

[2] 李庭贵，等. C51 单片机应用技术项目化教程 [M]. 北京：机械工业出版社，2014.

[3] 宋馥莉. 单片机 C 语言实战开发 108 例：基于 8051 + Proteus 仿真 [M]. 北京：机械工业出版社，2017.

[4] 王会良. 单片机 C 语言应用 100 例 [M]. 北京：电子工业出版社，2017.

[5] 王雅芳. 单片机原理与接口技术：设计与实训 [M]. 北京：机械工业出版社，2016.

[6] 汤嘉立. 51 单片机 C 语言轻松入门 [M]. 北京：电子工业出版社，2016.

[7] 束慧. 单片机实践与应用教程 [M]. 北京：中国电力出版社，2013.

[8] 赵俊生. 单片机原理与应用 [M]. 北京：中国铁道出版社，2013.

[9] 陈海生. 单片机应用技能项目化教程 [M]. 北京：电子工业出版社，2012.

[10] 张毅刚. 单片机原理与应用设计：C51 编程 + Proteus 仿真 [M]. 2 版. 北京：电子工业出版社，2015.

[11] 胡长胜. 单片机原理及应用 [M]. 2 版. 北京：高等教育出版社，2015.

[12] 翟红艺. 单片机原理与应用 [M]. 北京：北京邮电大学出版社，2015.

[13] 杨志帮. 单片机原理及应用技术项目化教程 [M]. 西安：西安电子科技大学出版社，2015.

[14] 杨杰. 单片机应用技术项目化教程：基于 Proteus 与 Keil C [M]. 南京：东南大学出版社，2014.

[15] 王冬星. 单片机技术及 C51 仿真与应用 [M]. 北京：北京理工大学出版社，2015.

[16] 王文海，等. 单片机技术与应用教程 [M]. 北京：清华大学出版社，2014.

[17] 耿永刚. 单片机与接口应用技术 [M]. 2 版. 上海：华东师范大学出版社，2015.

[18] 周淇. 单片机原理及应用：基于 Keil 及 Proteus [M]. 北京：北京航空航天大学出版社，2014.